隐蔽式预制装配组件给水集成技术导则与图集

住房和城乡建设部住宅产业化促进中心　主　编

山东万邦建筑部品有限公司

北京世国建筑工程研究中心

山东省现代建筑产业化研究中心　副主编

烟台蓬建杭萧钢构有限公司

中国建筑工业出版社

图书在版编目（CIP）数据

隐蔽式预制装配组件给水集成技术导则与图集/住房和城乡建设部住宅产业化促进中心主编．—北京：中国建筑工业出版社，2016.11
ISBN 978-7-112-19974-7

Ⅰ.①隐…　Ⅱ.①住…　Ⅲ.①给水系统-工程技术-图集　Ⅳ.①TU991.41-64

中国版本图书馆 CIP 数据核字(2016)第 244521 号

责任编辑：张　磊
责任设计：李志立
责任校对：刘　钰　关　健

隐蔽式预制装配组件给水集成技术导则与图集
住房和城乡建设部住宅产业化促进中心　主　编
山东万邦建筑部品有限公司
北京世国建筑工程研究中心
山东省现代建筑产业化研究中心　副主编
烟台蓬建杭萧钢构有限公司
*
中国建筑工业出版社出版、发行（北京海淀三里河路 9 号）
各地新华书店、建筑书店经销
北京红光制版公司制版
廊坊市海涛印刷有限公司印刷
*
开本：787×1092 毫米　横 1/16　印张：3¾　字数：88 千字
2017 年 2 月第一版　　2017 年 9 月第二次印刷
定价：**20.00** 元
ISBN 978-7-112-19974-7
(28512)

《隐蔽式预制装配组件给水集成技术导则与图集》编委会

目　录

一、导　　则

导则编制说明

本导则所采用的隐蔽式预制装配部件给水集成技术是用于住宅建筑室内给水系统的特有技术。导则中的隐蔽式预制装配部件给水集成是由整根横埋管、竖埋部件、分转部件、控出部件等四部分组成的建筑室内给水系统（简称“一整管三部件”）。通过这四个部分的组合，实现了隐蔽式预制装配部件给水集成能满足住宅各种套型变化的应用。隐蔽式预制装配部件给水集成是从室内进户总管到各个用水器具的完整给水系统，实现了地面垫层埋设管道无接头敷设的安装方式。预制装配部件为工厂化生产，符合国家产业化方向。为满足该项技术在建筑工程中的设计、施工和验收的需要，在广泛征求相关科研、设计、施工和生产管理等单位意见的基础上，参考国家相关标准，编制了本技术导则。

本导则主要技术内容包括：1 总则；2 术语；3 材料；4 设计；5 施工；6 系统试压、清洗和消毒；7 验收以及附录等内容。

本导则可在建筑室内给水工程的设计、施工和验收中使用。

主编单位：住房和城乡建设部住宅产业化促进中心（地址：北京市海淀区三里河路 9 号住房和城乡建设部，邮政编码：100835）

副主编单位：

山东万邦建筑部品有限公司（地址：山东省蓬莱市海市路 7－7号，邮政编码：265600）

北京世国建筑工程研究中心（地址：北京市海淀区三里河路 9 号，邮政编码：100835）

山东省现代建筑产业化研究中心（地址：山东省济南市历下区经十路 14306 号建设大厦十四楼　邮编 250014）

烟台蓬建杭萧钢构有限公司（地址：山东省蓬莱经济开发区金创路 59 号 邮编 265609）

1 总 则

1.0.1 为配合隐蔽式预制装配部件给水集成技术应用于建筑室内给水工程中的设计、施工及验收中的应用，做到技术先进、经济合理、安全适用、保证质量，特制定本技术导则。

1.0.2 本导则适用于新建、改建、扩建的住宅和宾馆建筑工程中的生活给水、热水管道系统的设计、施工和验收。公共建筑和工业建筑工程中的卫生间、浴室给水系统也可参考使用。

1.0.3 隐蔽式预制装配部件给水集成设计应纳入建筑工程设计中，统一规划、同步设计、同步施工和验收，与建筑工程同时投入使用。

1.0.4 本导则是以 PE－Xa 和 PP－R 两种塑料管材为基础编写的，当采用其他塑料管道时，应根据其塑料特性调整设计、施工和验收数据和参数。

1.0.5 隐蔽式预制装配部件给水集成的设计、施工和验收除执行本导则外，尚应符合国家现行有关标准和规定。

2 术 语

2.0.1 隐蔽式预制装配部件给水集成

隐蔽式预制装配部件给水集成是由整根横埋管、竖埋部件、分转部件、控出部件等四部分组成（简称“一整管三部件”）。

2.0.2 整根横埋管

整根横埋管是指整根的柔性、水平设置的 PE－Xa 管道。

2.0.3 竖埋部件

竖埋部件是将管路和阀件预制于一体的功能部件。包括洗面器部件、淋浴部件、洗涤池部件、坐便器部件。

2.0.4 分转部件

分转部件是指带有转换接头具有多种分水组合的分水器，其功能是实现不同管材之间的连接和多路水的灵活分配。

2.0.5 控出部件

控出部件是控制出水量并实现不同出水方式的部件。包括水龙头、淋浴头、连杆、手喷、手喷软管以及操作手柄、手柄装饰环等。

2.0.6 分水器

分水器是由弯头式单出口及单出口和双出口配件进行组合而成的配水部件。

2.0.7 收缩环连接

收缩环连接是指使用扩管工具，将管材和收缩环扩张后插入管件，经收缩紧固，实现管道快易连接的连接方式。

2.0.8 热熔连接

由相同材质热塑性塑料制作的管材、管件的插口与承口互相连接时，采用专用热熔工具将连接部位表面加热熔融，承插冷却后连接成为一个整体的连接方式。

3 材　　料

3.1 一 般 规 定

3.1.1 隐蔽式预制装配部件给水集成的管材和管件卫生性能应符合国家现行标准《生活饮用水输配水设备及防护材料的安全性评价标准》GB/T 17219 的相关规定。

3.1.2 隐蔽式预制装配部件给水集成管道所选用的管材和管件，应采用同一厂家、同一配方原料，其性能应符合现行相关标准和规定。

3.1.3 隐蔽式预制装配部件给水集成所选用的管材和管件，应具有检测机构检测的有效的检测报告和质量合格证。

3.1.4 隐蔽式预制装配部件给水集成中的管材和管件外观质量应符合下列规定：

1 管材和管件的内、外壁应光滑平整，壁厚应均匀、无气泡、无划痕和影响性能的表面缺陷，色泽应一致；

2 管材端口应平整，且端面应垂直于管材的中心线；

3 管件应完整、无缺损、无变形、无合模缝，浇口应平整、无裂纹；

4 冷水管、热水管材应有明显的标识。

3.1.5 隐蔽式预制装配部件给水集成管道与供水设备连接时，应由生产厂家提供专用的、配套的连接配件。

3.1.6 隐蔽式预制装配部件给水集成采用的预制装配部件出厂前必须进行管道系统的试压。所有连接口均应采用临时封堵。

3.2 材　　料

3.2.1 隐蔽式预制装配部件给水集成的管材宜选用塑料管（PE－X 管、PP－R 管、PB 管、PE 管等）材料。

3.2.2 隐蔽式预制装配部件给水集成 PE－X 管材应符合现行国家标准《冷热水用交联聚乙烯（PE－X）管道系统　第 1 部分：总则》GB/T 18992.1 和《冷热水用交联聚乙烯（PE－X）管道系统　第 2 部分：管材》GB/T 18992.2 的相关规定。

3.2.3 隐蔽式预制装配部件给水集成 PP－R 管应符合现行国家标准《冷热水用聚丙烯管道系统　第 1 部分：总则》GB/T 18742.1 和《冷热水用聚丙烯管道系统　第 2 部分：管材》GB/T 18742.2 的相关规定。

3.2.4 隐蔽式预制装配部件给水集成 PE 管应符合现行国家标准《给水用聚乙烯（PE）管材》GB/T 13663 和《给水用聚乙烯（PE）管道系统　第 2 部分：管件》GB/T 13663.2 的相关规定。

3.2.5 隐蔽式预制装配部件给水集成 PB 管应符合现行国家标准《冷热水用聚丁烯（PB）管道系统　第 1 部分：总则》GB/T 19473.1 和《冷热水用聚丁烯（PB）管道系统　第 2 部分：管材》GB/T 19473.2 的相关规定。

4 设　　计

4.1 一 般 规 定

4.1.1 隐蔽式预制装配部件给水集成的设计应符合现行国家设计规范的规定。

4.1.2 隐蔽式预制装配部件给水集成的设计应遵循节水、节能、经济实用、运行安全的原则，同时应满足易于施工、安装和维护等要求。

4.1.3 当隐蔽式预制装配部件给水集成管道采用暗敷设时，敷设方式可分直埋式和非直埋式两种。

1 直埋形式：

1）墙内管槽敷设；

2）室内地面垫层内敷设；

3）室内非承重构件内敷设。

2 非直埋形式：

1）吊顶内敷设；

2）装饰板内敷设。

4.1.4 敷设在地面垫层或墙体管槽内的给水支管的外径不宜大于 25mm。

4.1.5 敷设在墙内管槽的管道应布置在靠近供水设备部位。塑料管道与加热设备连接时或靠近热源时，应有防护措施。

4.1.6 隐蔽式预制装配部件给水集成管道不得穿越排气道、电梯井和排水沟，不宜穿越橱窗、壁柜。

4.1.7 墙内管槽或地面垫层内埋设的管道应有定位尺寸，易损区域应加套管保护。管道安装完成后应在墙面和地面做出标识。

4.1.8 暗埋在墙内的隐蔽式预制装配部件给水集成管道，在有可能结露场所应采取防结露措施。防结露隔热层厚度应根据管内水温、环境温度和湿度经计算确定。

4.1.9 隐蔽式预制装配部件给水集成的配水支管宜采用分水器配水。

4.1.10 隐蔽式预制装配部件给水集成管道穿越楼板、承重墙时，应预留孔洞并设套管。

4.1.11 隐蔽式预制装配部件给水集成管道流量应按现行国家标准《建筑给水排水设计规范》GB 50015 的规定执行。

4.2 管 道 设 计

4.2.1 隐蔽式预制装配部件给水集成塑料管道的选用应根据系统设计压力、工作水温和使用环境确定。冷水管使用温度≤40℃，热水管长期使用温度≤70℃。

4.2.2 暗装塑料管道敷设在地面垫层内和非承重构件板内必须采用整根塑料管道，埋墙敷设的管道必须采用热熔连接。管道系统出墙部位与供水设备连接时，应采用专用管件连接。

4.2.3 明敷塑料管道应采取防结露措施。管道不应受阳光直接照射，当无法避免时应采取遮蔽措施。

4.2.4 吊顶内架空敷设的冷、热水管道，应合理排布，宜采用热水在上，冷水在下的敷设方式。尽可能减少弯头管件的使用。

4.2.5 采用分水器的给水系统设计：

1 分水器的卫生性能应符合现行国家标准《生活饮用水输配水设备及防护材料的安全性评价标准》GB/T 17219 的相关规定。

2 分水器的设计应符合下列要求：

1）分水器的位置应根据建筑空间型式确定。通常宜设置在吊顶内，管道井端部、洗面器和洗涤盆下部等便于安装及检修的部位；

2）分水器的冷、热水配水管宜采用同种材料；

3）分水器到各配水点，当采用地面垫层敷设管道时，分水器到各配水点应采用整根成品管道，以最短的长度进行布置与敷设；

4）分水器应根据用水点的数量和用水点的方位，采用单出口及弯头式单出口和双出口配件进行合理组合；

5）分水器的布置，可采用冷、热水分水器平行同高度布置，位置紧张时采用上下层错位布置；

6）分水器应设支架固定安装；

7）分水器与其相连接的管道及附属配件，应由生产厂家统一配套。

4.3 管道选用及设计

4.3.1 整根横埋管的选用与设计：

1 整根横埋管应根据卫生洁具、管材转换接点的隐藏等设计布置；

2 地面垫层内敷设的水平方向管道应采用整根 PE－Xa 管道，管材转换接点隐藏在柜子或吊顶内。埋地敷设的管道根据需要安装防护套管、做保温层和弯管器等；

3 架空敷设在装饰板内和吊顶内水平方向的管道，通常采用 PP－R 管道二次装修隐藏。管道根据需要安装防护套管和做保温层等。

4.3.2 竖埋部件的选用与设计：

1 竖埋部件的选用应根据卫生洁具的配置形式、进水方向和供水方式确定，同时应考虑墙体留管槽（开管槽）的可能；

2 竖埋部件的进水支管，应根据卫生洁具进水口方位、高度和建筑层高，计算确定配支管长度、进水口和出水口的安装高度；

3 淋浴器用竖埋部件应根据淋浴给水（水龙头、浴盆等）系统的配置情况选用；

4 根据卫生洁具的布置形式、进水方向确定埋地管道与顶部管道的竖向连接管位置。

4.3.3 分转部件的选用：

1 PE－Xa 管道与 PP－R 管道相连接时应采用专用转换接头；

2 埋设在地面垫层内的管道不应有接头，管道转换连接接头应引出地面安装，连接接头应隐藏在柜子、装饰板内或吊顶内；

3 分水器的设置，可根据进水总管的位置和用水洁具的平面布置，设置分水器的安装位置和选用分水器出口数；

4 埋地敷设的管道宜在地面 250mm 以上的墙体引入湿区，进行转换连接，不得从地面直接引入转换连接。

4.3.4 控出部件的选用：

控出部件的选用，应根据卫生洁具配置要求，选用相应的控制出水部件及相应配套的竖埋部件。

5 施　工

5.1 一般规定

5.1.1 隐蔽式预制装配部件给水集成施工应在土建结构工程已完成，建筑装修前进行。

5.1.2 隐蔽式预制装配部件给水集成在安装前应编制施工方案，方案中应包括系统部件、配件、供水设备等的施工方法、安全措施以及施工前环境检查等内容。

5.1.3 隐蔽式预制装配部件给水集成施工前应具备下列条件：

1 施工队伍已落实；

2 施工图纸及其他技术文件齐全，并通过审查和设计交底；

3 施工方案已经批准，并进行了技术交底；

4 一整管三部件设备、材料已准备就绪，且配件应符合国家现行相关产品的质量、技术性能等要求；

5 建筑安装工作面、现场条件已满足施工的要求。

5.1.4 设备安装应与建筑物内装修单位充分协调，避免交叉施工。

5.1.5 施工现场应有材料码放场地，并能满足施工需要。

5.1.6 隐蔽式预制装配部件给水集成管道在安装过程中，不得作为拉攀、吊架等使用。

5.1.7 安装管道的墙内沟槽封闭后和地面垫层施工完成后，应在墙面或地面标明暗管的位置和走向，并把管道的走向绘制在用户的“房屋使用说明书”上。严禁在管道安装部位凿、砸、冲、钻或钉入金属钉等尖锐物体。

5.1.8 当管道堆放场地温度与施工现场温度有明显差异时，应将其在施工场地静置一段时间，待管道温度接近现场温度时再进行施工。

5.1.9 管道安装过程中的开口处应及时封堵，并应认真做好现场管道的保护工作。

5.1.10 在冬期施工时，应注意塑料管道的低温脆性。

5.1.11 隐蔽式预制装配部件给水集成的施工安装应由经过培训的施工人员完成。

5.2 施工机具

5.2.1 收缩环连接的塑料管道，应由生产厂家提供专用的配套的扩管工具。

5.2.2 热熔连接的塑料管道，应由生产厂家提供专用的、配套的热熔焊接机进行热熔连接。

5.3 整根横埋管的安装

5.3.1 整根横埋管暗埋在室内地面垫层内时，应按设计位置敷设。若现场施工有更改，应有变更记录。

5.3.2 整根横埋管安装时，不得有轴向扭曲，穿墙或穿楼板时，不得强制校正。

5.3.3 管道出墙与供水设备的连接，宜在土建粉饰完毕后进行、安装前应复校预留孔洞或预埋套管的位置的准确度。

5.3.4 管道穿越楼板时应设置套管，套管高出设计地坪不应小于50mm，并有防水措施。

5.3.5 管道穿墙壁时应配合土建设置套管。

5.3.6 暗埋在室内地面垫层内及墙体管槽内的管道，应在封闭前做好试压和隐藏工程的验收记录。

5.3.7 管道安装完毕后，经目测不得有明显的起伏和弯曲。

5.3.8 隐蔽式预制装配部件给水集成的管槽填补应采用M10水泥砂浆，填实过程宜分2次进行，第一次应先填管件、管卡和转弯管段。然后再填至管材表面，待水泥砂浆达到50%强度后，进行第二次填补，填补到与墙面或地面相平为宜。

5.3.9 管道安装后，必须进行系统保护，不得在管道周围堆积重物、烘烤及打孔凿洞。

5.3.10 埋设在地面垫层内和墙体管槽内的管道应采用管卡固定，埋设管道管卡间距不宜大于1200mm。

5.4 竖埋部件的安装

5.4.1 竖埋部件埋墙安装时，控制出水阀体、出水口应采用专用丝堵封堵。

5.4.2 埋墙安装的竖埋部件，其控制出水阀体、出水连接口，应控制阀体和出水口接口面与墙体装饰面平或不低于10mm的埋设深度误差。同一竖埋部件上的两个阀体埋墙安装深度应相同。

5.4.3 对于改造工程和未预留管槽的砌体结构，可采用专用机械切割开槽。墙体横向管槽开凿长度不得超过300mm，管道埋设深度应确保管道外侧的水泥砂浆保护层厚度不小于20mm，埋设的管道应设管卡固定。管槽开槽深度不宜超过墙厚的1/3。

5.4.4 当管道需安装在钢筋混凝土墙上时，应在结构施工时按照设计管位预留管槽。当钢筋混凝土墙上未留管槽时，采用做装饰墙的做法隐蔽管道。严禁在钢筋混凝土墙面上开槽断筋，破坏主体结构强度。

5.5 分转部件的安装

5.5.1 与分转部件连接的管道在水平方向或由水平转为垂直方向的转弯半径应由管材的材质和管径决定，一般不宜小于10倍dn。

5.5.2 分转部件的安装有棚上和墙面两种形式，墙面的安装高度，距地面不宜小于250mm，顶棚的安装距顶板底不宜小于150mm。

5.5.3 分转部件安装后，应直接连接管件或将连接管件的开口部位进行临时封堵。

5.6 控出部件的安装

5.6.1 隐蔽式预制装配部件给水集成控出部件（如阀芯、淋浴头、连杆、手喷、手喷软管及操作手柄、手柄装饰环等）与竖埋部件的安装待整个系统管道及用水设备安装后进行。

5.6.2 隐蔽式预制装配部件给水集成控出部件与竖埋部件连接时，其接口处应采用可拆卸的连接方式。

5.6.3 阀门阀芯、手喷、淋浴头等的安装应符合下列规定：

1 安装前应仔细检查核对其型号与规格、承压能力是否符合设计要求。

2 检查有无滑丝、卡阻和歪斜现象，手拧开启灵活。

5.6.4 连接卫生器具的配水管件或阀门应采用金属管件，管件必须与建筑结构相固定。

6 系统试压、清洗和消毒

6.0.1 隐蔽式预制装配部件给水集成在验收前应进行压力试验，塑料管道构成的系统，试验方法和试验压力应符合现行国家标准《建筑给水排水及采暖工程施工质量验收规范》GB 50242 的相关规定。

6.0.2 隐蔽式预制装配部件给水集成在交付使用前，应对系统进行清洗和消毒。

6.0.3 管道在经生活饮用水冲洗后，可用含量不低于 20mg/L 的氯离子浓度的水灌满管道，对管道进行消毒，消毒水滞留 24h 后排空。

6.0.4 管道消毒后打开进水阀向管道供水，打开水龙头放水，在系统最远的水龙头取水样，经卫生监督部门检验合格后，方可交付使用。

7 验　　收

7.1 一 般 规 定

7.1.1 隐蔽式预制装配部件给水集成工程验收分为隐蔽工程验收、系统工程验收和竣工工程验收三部分进行。

1 隐蔽工程验收由施工单位组织建设、监理单位进行；

2 系统工程验收由监理组织施工、建设单位进行；

3 竣工工程验收由建设单位组织设计、施工和监理单位与项目验收同时进行。

7.1.2 隐蔽式预制装配部件给水集成安装工程竣工后，施工单位应对工程进行预验收、试验和检测，符合验收标准后，整理编制真实有效的工程技术档案，提交施工总承包项目部档案资料员统一进行竣工验收。

7.1.3 隐蔽式预制装配部件给水集成检测验收应符合下列规定：

1 检测验收应依据设计文件、变更文件以及本技术导则进行。检查建筑室内给水系统的主要功能和技术指标，应符合设计文件、变更文件、工程合同和国家现行有关标准与管理规定等相关要求。

2 认真做好建筑室内给水系统检测验收记录。

7.1.4 隐蔽式预制装配部件给水集成验收资料应符合下列规定：

1 施工单位应提供全套完整的施工技术资料和竣工图，做到内容完整、标记确切、文字清晰、数据准确和图文一致，符合现行国家标准《建设工程文件归档规范》GB/T 50328 的要求；

2 认真做好建筑室内给水系统资料验收记录。

7.1.5 竣工验收结论应符合下列规定：

1 通过验收的项目应按附录中相应的验收结论表进行填写，

并对验收中存在的主要问题，提出建议与要求；

2 未通过验收的，应提出整改意见，由施工单位负责整改，整改合格后另行组织验收。

7.1.6 隐蔽式预制装配部件给水集成整改应符合下列规定：

1 验收通过的工程，施工单位应根据验收中提出的建议与要求，提出书面整改措施，并经监理和建设单位认可签署意见；

2 未通过验收的工程不得交付使用。施工单位应根据验收中提出的问题，抓紧落实整改后方可再提交验收，再次验收合格后形成合格结论。仍不合格的继续整改，直至合格为止。

7.2 隐蔽工程验收

7.2.1 施工中应进行隐蔽工程验收，隐蔽工程验收在隐蔽前由施工单位向建设单位和监理发出验收通知，由施工单位组织建设、监理单位进行验收并按附录A隐蔽工程验收记录表进行填写。

7.2.2 隐蔽工程验收宜根据工程施工顺序分期进行，完成一项验收一项。隐蔽工程验收应在施工班组自检、互检的基础上，由施工单位的技术负责人组织质检员、分项负责人、工程监理和建设单位代表共同进行。

7.2.3 对影响工程安全和系统性能的工序，应在本工序验收合格后方可进入下一道工序的施工。

7.3 系统工程验收

7.3.1 系统工程验收应在该工程的隐蔽工程验收后进行。

7.3.2 系统工程验收应按施工图逐一核对已完工程是否符合设计要求，质量是否合格。

7.3.3 各类阀门及用水点启闭灵活性及固定的牢固性应符合国家现行有关标准的要求。

7.3.4 系统同时开放的配水点的额定流量应达到设计要求。

7.4 竣 工 验 收

7.4.1 竣工验收应在建筑工程全部完成，并经隐蔽工程和中间验收质量合格，系统调试检测合格，施工单位提出了竣工验收申请并经监理确认，具备竣工验收条件后与单位工程验收同时进行。竣工验收机构在工程实物验收、系统检测验收、资料验收后按附录B填写。

7.4.2 隐蔽式预制装配部件给水集成的验收除应符合本导则的规定外，还应符合现行国家相关标准和规定。

附录A 隐蔽工程验收记录

表A 隐蔽工程验收记录表

<table>
<tr><td colspan="6">工程名称：</td></tr>
<tr><td colspan="2">建设单位/总包单位</td><td>施工单位</td><td colspan="3">监理单位</td></tr>
<tr><td colspan="2"></td><td></td><td colspan="3"></td></tr>
<tr><td rowspan="8">隐蔽工程内容</td><td rowspan="2">序号</td><td rowspan="2">检查内容</td><td colspan="3">检查结果</td></tr>
<tr><td>安装质量</td><td>部位</td><td>图号</td></tr>
<tr><td>1</td><td></td><td></td><td></td><td></td></tr>
<tr><td>2</td><td></td><td></td><td></td><td></td></tr>
<tr><td>3</td><td></td><td></td><td></td><td></td></tr>
<tr><td>4</td><td></td><td></td><td></td><td></td></tr>
<tr><td>5</td><td></td><td></td><td></td><td></td></tr>
<tr><td>6</td><td></td><td></td><td></td><td></td></tr>
<tr><td>验收意见</td><td colspan="5"></td></tr>
<tr><td colspan="2">建设单位/承包单位</td><td>施工单位</td><td colspan="3">监理单位</td></tr>
<tr><td colspan="2">验收人：
日期：
签章：</td><td>验收人：
日期：
签章：</td><td colspan="3">验收人：
日期：
签章：</td></tr>
</table>

附录B 竣工验收结论汇总

表B 竣工验收结论汇总表

<table>
<tr><td colspan="4">工程名称：</td></tr>
<tr><td>工程实物验收结论</td><td></td><td colspan="2">验收人签名：
年 月 日</td></tr>
<tr><td>系统检测验收结论</td><td></td><td colspan="2">验收人签名：
年 月 日</td></tr>
<tr><td>资料验收结论</td><td></td><td colspan="2">验收人签名：
年 月 日</td></tr>
<tr><td>竣工验收结论</td><td></td><td colspan="2">各参加验收单位负责人签名：</td></tr>
<tr><td colspan="4">建议与要求：
年 月 日</td></tr>
<tr><td>建设单位签名：
年 月 日</td><td>设计单位签名：
年 月 日</td><td>施工单位签名：
年 月 日</td><td>监理单位签名：
年 月 日</td></tr>
</table>

注：工程实物验收、系统检测验收、资料验收三项结论中，任何一项不合格，不能通过验收，经整改再次验收合格后填写本表。

本导则用词说明

1 为便于在执行本导则条文时区别对待，对要求严格程度不同的用词说明如下：

1）表示很严格，非这样做不可的：
正面词采用“必须”，反面词采用“严禁”；

2）表示严格，在正常情况下均应这样做的：
正面词采用“应”，反面词采用“不应”或“不得”；

3）表示允许稍有选择，在条件许可时首先应这样做的：
正面词采用“宜”，反面词采用“不宜”；

4）表示有选择，在一定条件下可以这样做的，采用“可”。

2 条文中指明应按其他有关标准执行的写法为“应符合……的规定”或“应按……执行”。

引用标准名录

《建筑给水排水设计规范》GB 50015

《建筑给水排水及采暖工程施工质量验收规范》GB 50242

《生活饮用水输配水设备及防护材料的安全性评价标准》GB/T 17219

《冷热水用交联聚乙烯(PE－X)管道系统 第1部分：总则》GB/T 18992.1

《冷热水用交联聚乙烯(PE－X)管道系统 第2部分：管材》GB/T 18992.2

《冷热水用聚丙烯管道系统 第1部分：总则》GB/T 18742.1

《冷热水用聚丙烯管道系统 第2部分：管材》GB/T 18742.2

《冷热水用聚丁烯(PB)管道系统 第1部分：总则》GB/T 19473.1

《冷热水用聚丁烯(PB)管道系统 第2部分：管材》GB/T 19473.2

《给水用聚乙烯(PE)管材》GB/T 13663

《给水用聚乙烯(PE)管道系统 第2部分：管件》GB/T 13663.2

《建设工程文件归档规范》GB/T 50328

二、图　　集

图集编制说明

1 编制目的

为隐蔽式预制装配部件给水集成技术在住宅建筑室内给水系统中安全、合理、有效地应用，取消室内配水明管，节约使用空间，提升建筑品质，实现建筑装饰一体化，特编制本图集。

本图集中的隐蔽式预制装配部件给水集成由整根横埋管、竖埋部件、分转部件、控出部件等四部分组成（简称“一整管三部件”）。隐蔽式预制装配部件给水集成从室内总管到各个用水点的管道采用暗埋、预埋（地面垫层内、非承重构件内）和暗装（装饰板内、吊顶内）的安装方式。该隐蔽式预制装配部件给水集成具有接头少、可靠性高等特点。竖埋部件在工厂预制，现场连接管道，组成室内给水系统。预制装配部件采用给水管材、管件、阀门阀体、出水口一体化设计，将传统的水龙头与管道两个独立的部分进行结构优化，组合成一体埋入墙内暗装。阀门（水龙头）的维修只需更换阀芯，洗面器水龙头和淋浴器阀门的阀芯采用同一规格，降低了日常维修使用的费用。该系统具有简洁美观，节省空间的优点。

2 适用范围

2.1 本图集适用于新建、改建、扩建的多层和高层民用建筑中的室内生活冷水、热水系统管道的设计、施工和验收。公共建筑和工业建筑工程中的卫生间、浴室给水系统也可参考使用。本图集不得用于室内消防管道及与消防管道相连接的其他给水系统。

2.2 本图集可供房地产开发企业、建筑装饰设计单位、施工单位在选择、设计和安装室内给水系统时使用。

2.3 本图集是以 PE－Xa 和 PP－R 两种塑料管道为基础编写的，当采用其他塑料管道时，应根据其特性调整设计、施工和验收数据和参数。

3 编制依据

《建筑给水排水设计规范》GB 50015

《建筑给水排水及采暖工程施工质量验收规范》GB 50242

《冷热水系统用热塑性塑料管材和管件》GB/T 18991

《建筑给水塑料管道工程技术规程》CJJ/T 98

4 技术要求

4.1 本图集中隐蔽式预制装配部件给水集成的管道均采用塑料管道，管道的连接采用收缩环连接和热熔承插连接。

4.2 隐蔽式预制装配部件给水集成的管道宜敷设在地面垫层内、装饰板内、吊顶内和暗埋在墙内。也可敷设在非承重构件内。

4.3 建筑暗埋的室内给水系统应在埋墙管槽填补水泥砂浆前和地面垫层未施工前进行水压试验，不得以气压取代水压。试压方法与步骤应严格按照国家相关规范执行。

4.4 敷设在地面垫层或墙体管槽内的给水管道外径不宜大于 25mm。

4.5 砌体结构墙体未预留管槽时，可采用专用机械切割工具开槽。当墙体横向管槽开凿长度超过 300mm 或深度大于墙厚的 1/3 时，应征求结构设计人员的意见。管道埋设深度应确保管道外侧水泥砂浆的保护层厚度不小于 20mm，埋设的管道应采用管卡固定。

图名	图集编制说明

4.6 埋墙内的控制出水阀体和出水口，应控制阀体和出水口的连接口面与墙体装饰面平或不低于10mm的埋设深度误差，同一预制装配部件上的两个阀体埋墙安装深度应相同。

4.7 当管道需安装在钢筋混凝土墙上时，应在结构施工时按照设计管位预留管槽。当钢筋混凝土墙上未留管槽时，采用做装饰墙的作法隐蔽管道。严禁在钢筋混凝土墙面上开槽断筋，破坏主体结构强度。

4.8 隐蔽式预制装配部件给水集成宜采用分水器配水，使各用水点水压稳定，各支管以最短距离到达用水点。

4.9 隐蔽式预制装配部件给水集成穿越楼板、承重墙时，应设套管。

4.10 隐蔽式预制装配部件给水集成不得敷设和穿越在烟道、风道、电梯井、排水沟。

4.11 给水管道不宜穿越建筑物的伸缩缝、沉降缝和抗震缝。当不可避免时，应采取防止管道破坏的保护措施。

4.12 给水管道与加热设备连接时或靠近热源时，应有防护措施。

4.13 当管道存在发生冻结可能时，应采取相应的保温措施，保温层的厚度应通过计算确定。

5 施工要求

5.1 隐蔽式预制装配部件给水集成施工安装宜在土建结构工程已完成、建筑装修前进行。

5.2 施工单位应按照设计要求、产品说明书以及相关标准，安装施工建筑室内给水系统管道以及进行检验。

5.3 当管道堆放场地温度与施工现场温度有明显差异时，应将其在施工场地静置一定时间，待管道温度接近现场温度时再进行施工。

5.4 冬期施工时，应注意塑料管道的低温脆性。

5.5 管道穿墙、穿楼板及嵌墙暗装时，宜配合土建预埋套管及预留管槽。

5.6 管道穿楼板处，应设置保护套管，保护套管顶部宜高出室内设计地面50mm。

5.7 隐蔽式预制装配部件给水集成埋墙暗管的墙槽尺寸宽度宜为管道外径加50mm，深度宜为管道外径加20～30mm。

5.8 隐蔽式预制装配部件给水集成管道出墙接头与供水设备连接时，其接口处应采用专用管件连接。

5.9 隐蔽式预制装配部件给水集成管道埋墙安装时，系统的各个敞口应临时封堵，在施工过程中应严格防止异物进入管内。预制装配部件的阀体、出水口应采用专用丝堵封堵。

5.10 安装后管道不得有明显的起伏和弯曲，安装中或结束后管道均不得作为吊、拉、攀件使用。

5.11 隐蔽式预制装配部件给水集成的管槽，填补应采用M10水泥砂浆，填实过程宜分2次进行，第一次应先填管件、管卡和转弯管段，然后再填至管材表面。待水泥砂浆达到50%强度后，进行第二次填补，填补到与墙面或地面相平为宜。

5.12 埋设在地面垫层和墙体内的管道，隐蔽后应在基层上标出管道的走向标志线，防止二次装修时对管道的破坏。

5.13 管道施工安装后，应进行系统保护，不得在管道周围进行烘烤及打孔凿洞。

5.14 隐蔽式预制装配部件给水集成中电热水器的安装采用吊顶式和壁挂卧式安装两种形式，通过固定在墙体上和顶板上的预埋连接件，将电热水器的储水箱悬挂在顶板上或墙上，墙体或楼板必须保证有足够的承载能力（将荷重提供给结构专业核算和设计）。

6 分水器布置与管道敷设

6.1 分水器的位置应根据建筑型式确定，宜设置在吊顶内，也可设置在管道井端部、洗涤盆、洗面器下部等用水点较集中的区域，应便于管道的安装和维修。

6.2 分水器的冷、热水配水管宜采用同种材料。

6.3 冷、热水分水器可采用平行布置或上下层错位布置。分水器安装距地面不宜小于250mm，距顶板底不宜小于150mm。

6.4 当采用地面垫层敷设管道时，分水器到各用水点应采用整根成品管道，管道间采用平行敷设不宜相互交叉。在条件允许的情况下，应以最短的距离进行布置与敷设。

6.5 吊顶内架空敷设的冷、热水管道，宜采用热水在上，冷水在下的敷设方式，减少弯头管件的使用数量。

6.6 埋设在墙体内的冷、热水管道应平行敷设，避免相互交叉。

6.7 敷设在地面垫层和墙体管槽内的管道应采用管卡固定，管卡间距不宜大于1200mm。

6.8 连接器具的专用管件必须与建筑结构相固定。

6.9 分水器应根据用水点的数量和用水点的方位，采用单出口及弯头式单出口和双出口配件进行合理组合。

7 管道冲洗、消毒和验收

7.1 隐蔽式预制装配部件给水集成验收前应进行管道的通水冲洗，冲洗水流速不宜小于2m/s。冲洗时应不留死角，各配水点龙头应打开，清洗时间应控制在冲洗出口处排水的水质与进水水质相当为止。

7.2 管道消毒后，再用饮用水冲洗，并经卫生监督管理部门取样检验，水质符合现行国家标准《生活饮用水卫生标准》GB 5749后，方可交付使用。

7.3 隐蔽式预制装配部件给水集成验收时应重点检查阀门启闭灵活度、消毒与冲洗是否满足相关要求、工程档案资料是否齐全、隐蔽工程验收记录是否完整并符合要求等。

8 系统部件的运输及储存

8.1 隐蔽式预制装配部件给水集成部件在运输、装卸、搬运时，应小心轻放，摆放整齐，避免油污和化学物污染，不得受到剧烈撞击及尖锐物触碰，不得抛、摔、滚、拖。长距离运输时，应堆放密实，防止相互碰撞。

8.2 隐蔽式预制装配部件给水集成给水管道及配件应远离热源，不得长期露天堆放，库房应通风良好，室温应低于40℃，管件堆放高度不得高于2.0m，底部应设支垫物。

9 其他说明

本图集未注明尺寸以毫米（mm）为单位。

图名	图集编制说明

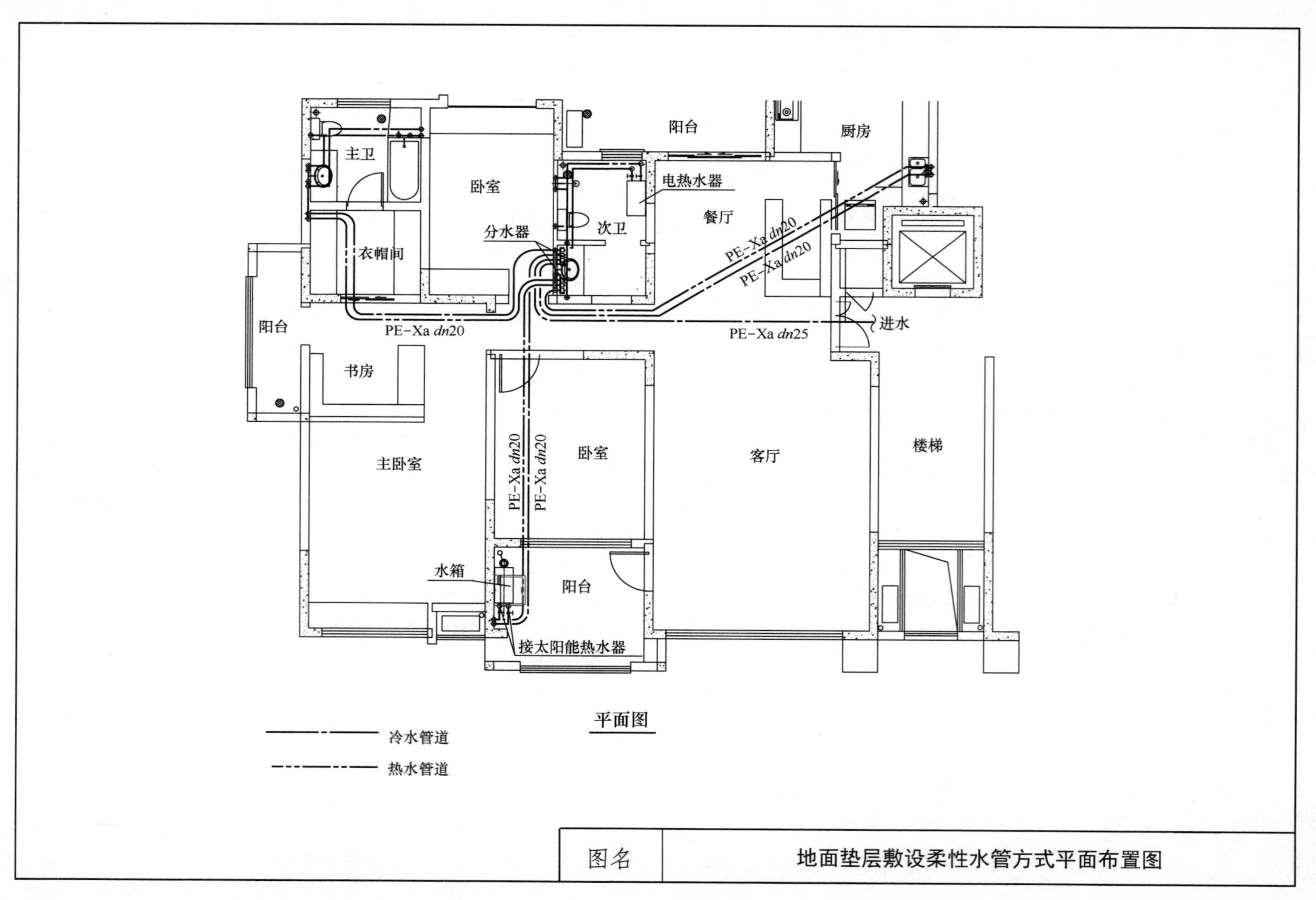

图名	地面垫层敷设柔性水管方式平面布置图

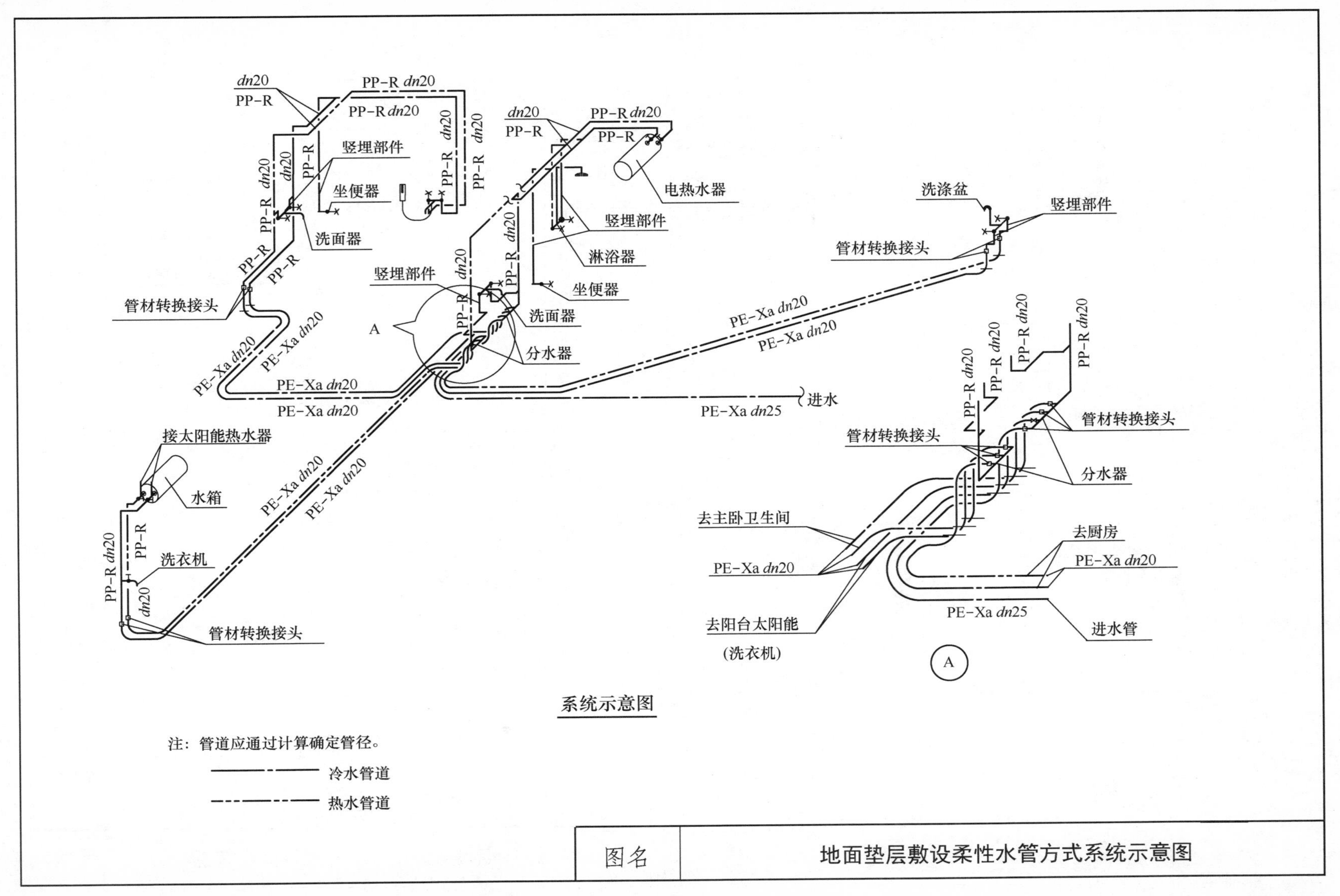

系统示意图

注：管道应通过计算确定管径。

冷水管道

热水管道

图名	地面垫层敷设柔性水管方式系统示意图

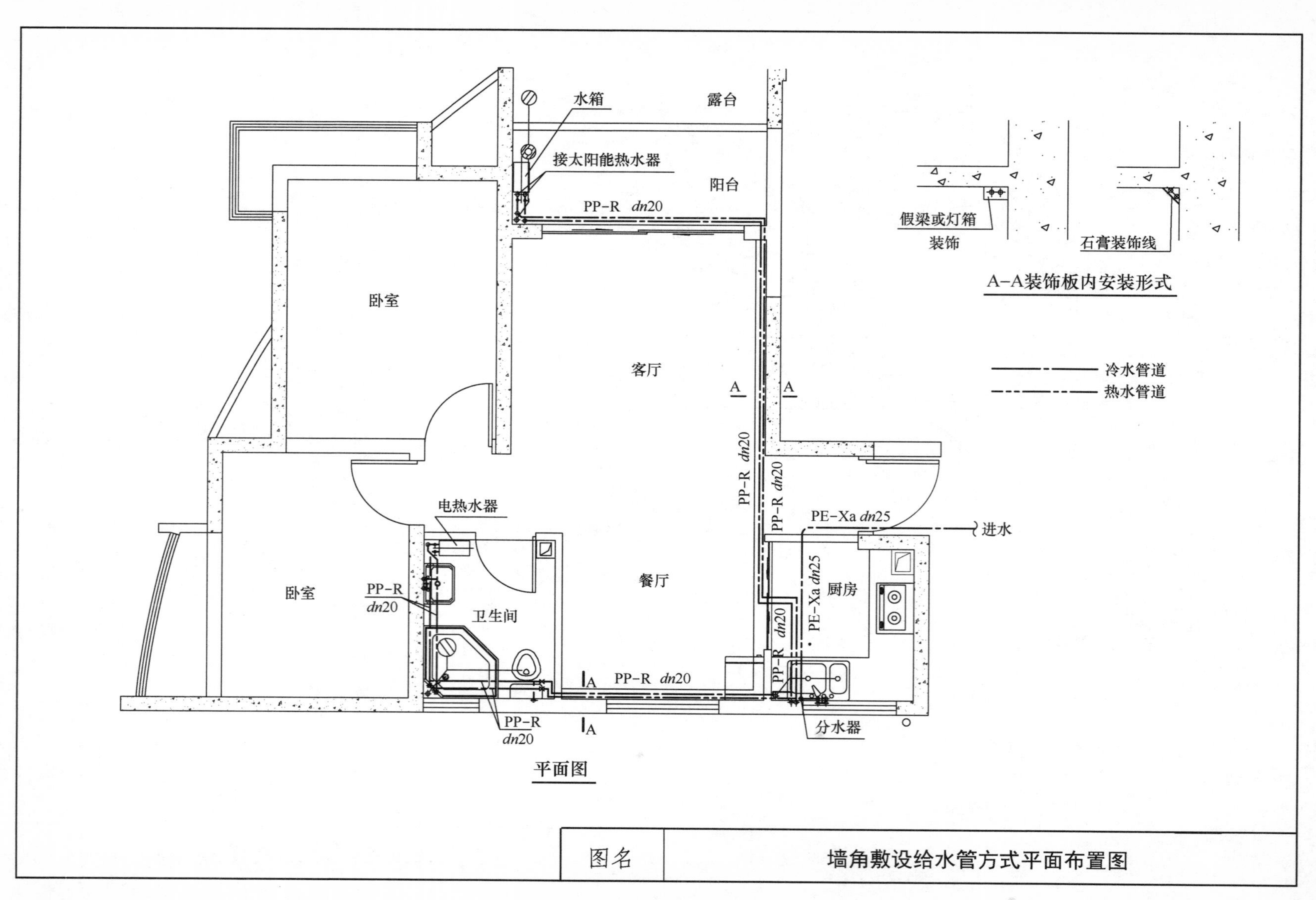

图名	墙角敷设给水管方式平面布置图

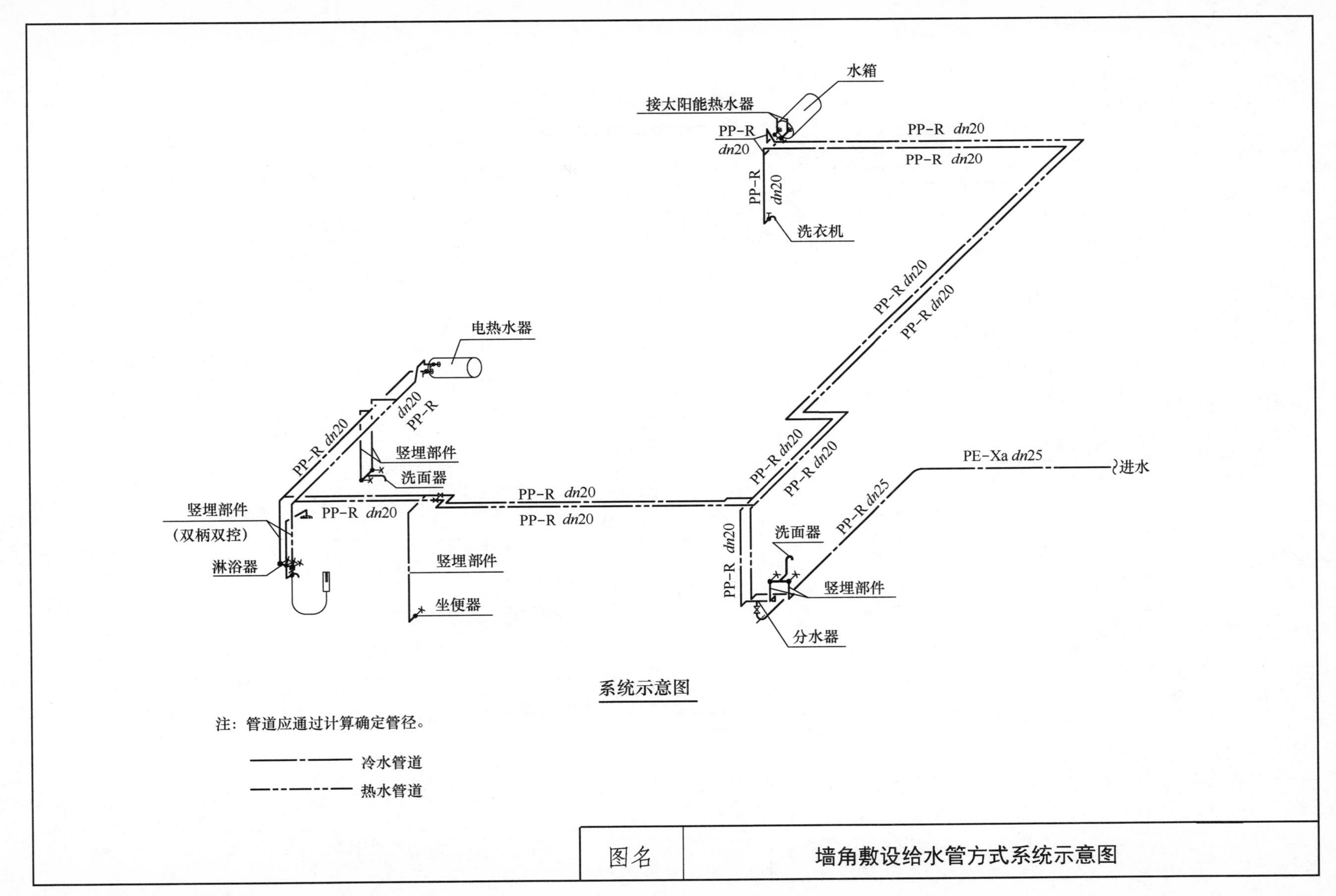

系统示意图

注：管道应通过计算确定管径。

冷水管道

热水管道

图名	墙角敷设给水管方式系统示意图

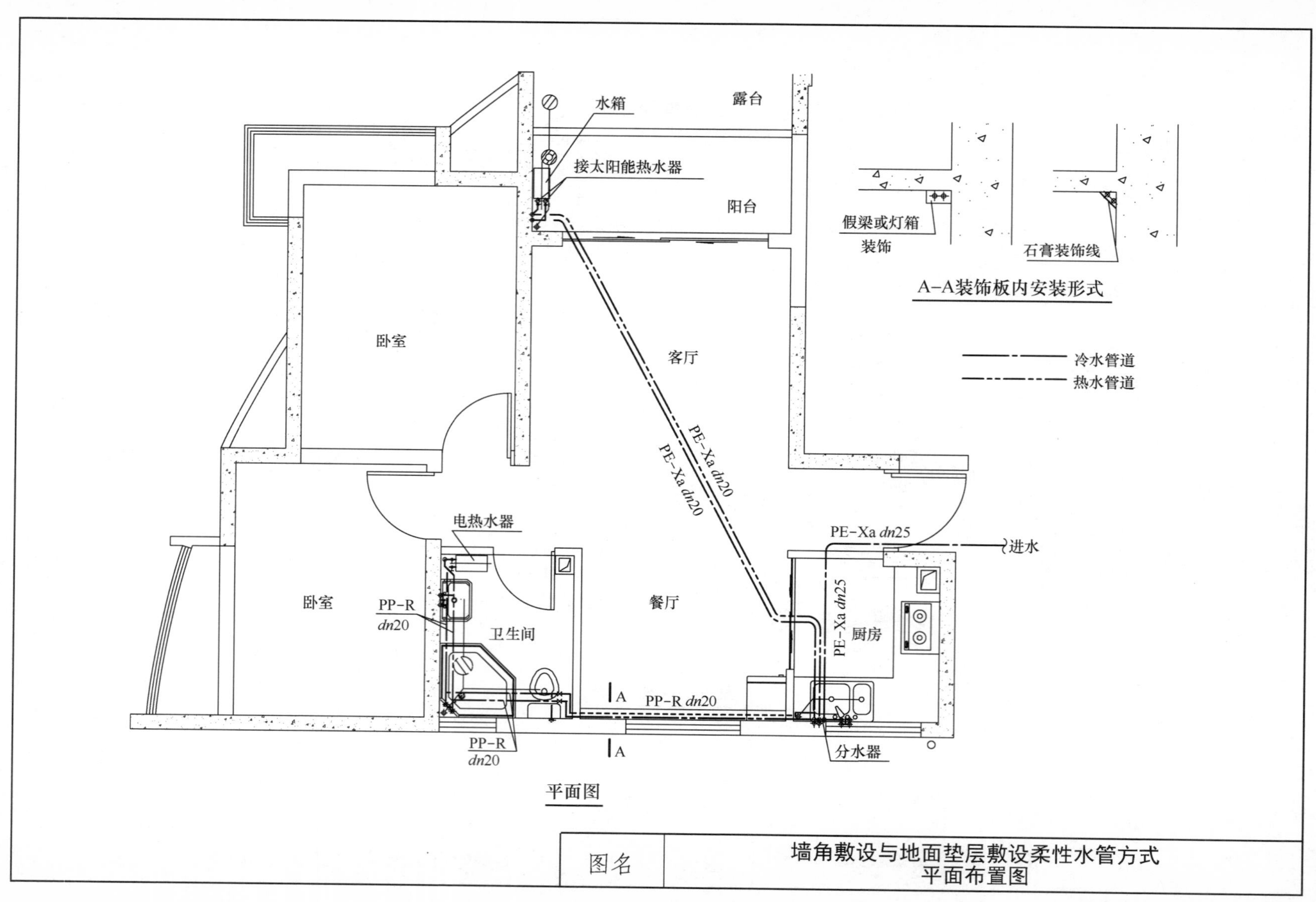

图名	墙角敷设与地面垫层敷设柔性水管方式 平面布置图

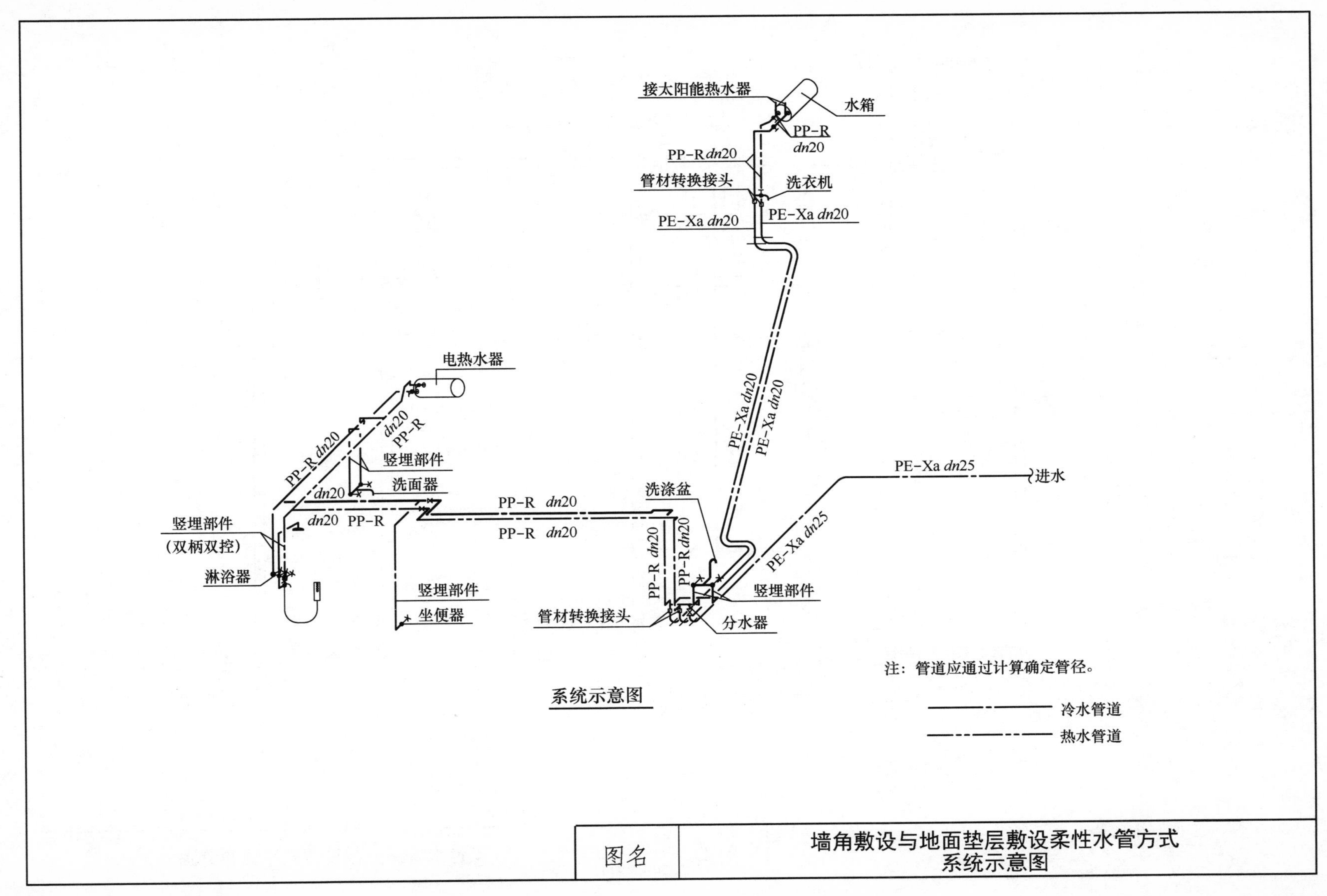

系统示意图

图名	墙角敷设与地面垫层敷设柔性水管方式 系统示意图

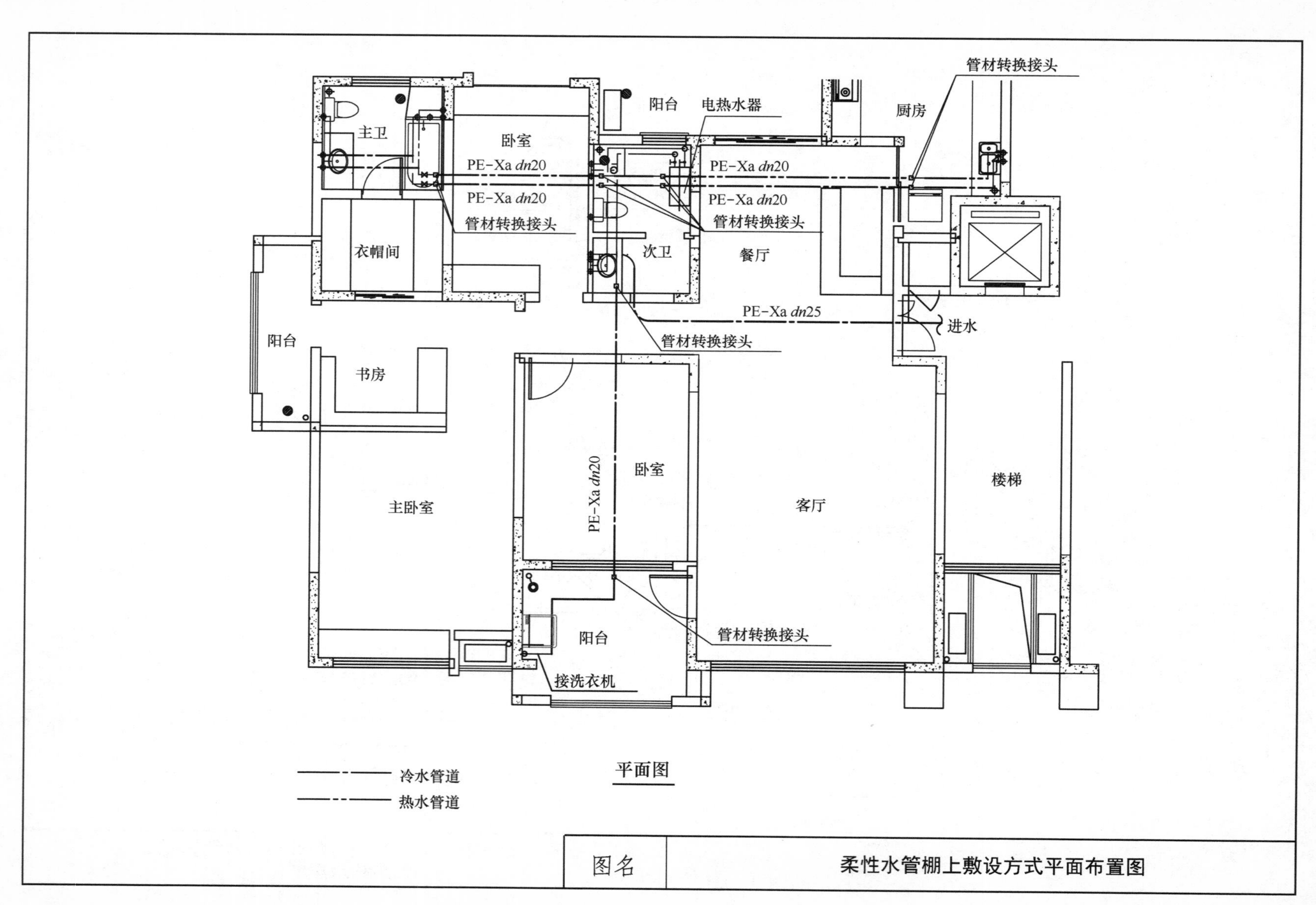

平面图

图名	柔性水管棚上敷设方式平面布置图

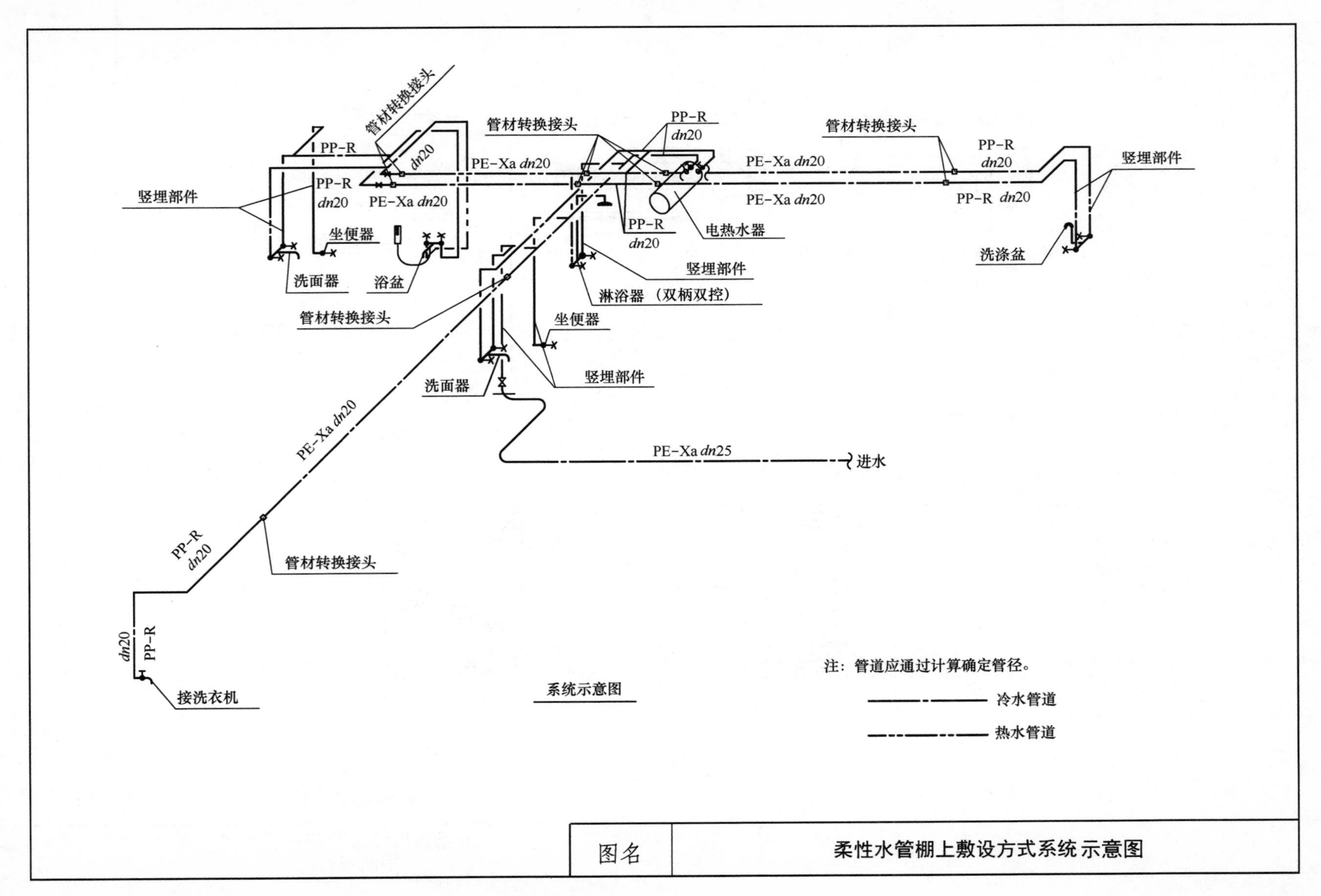

图名	柔性水管棚上敷设方式系统示意图

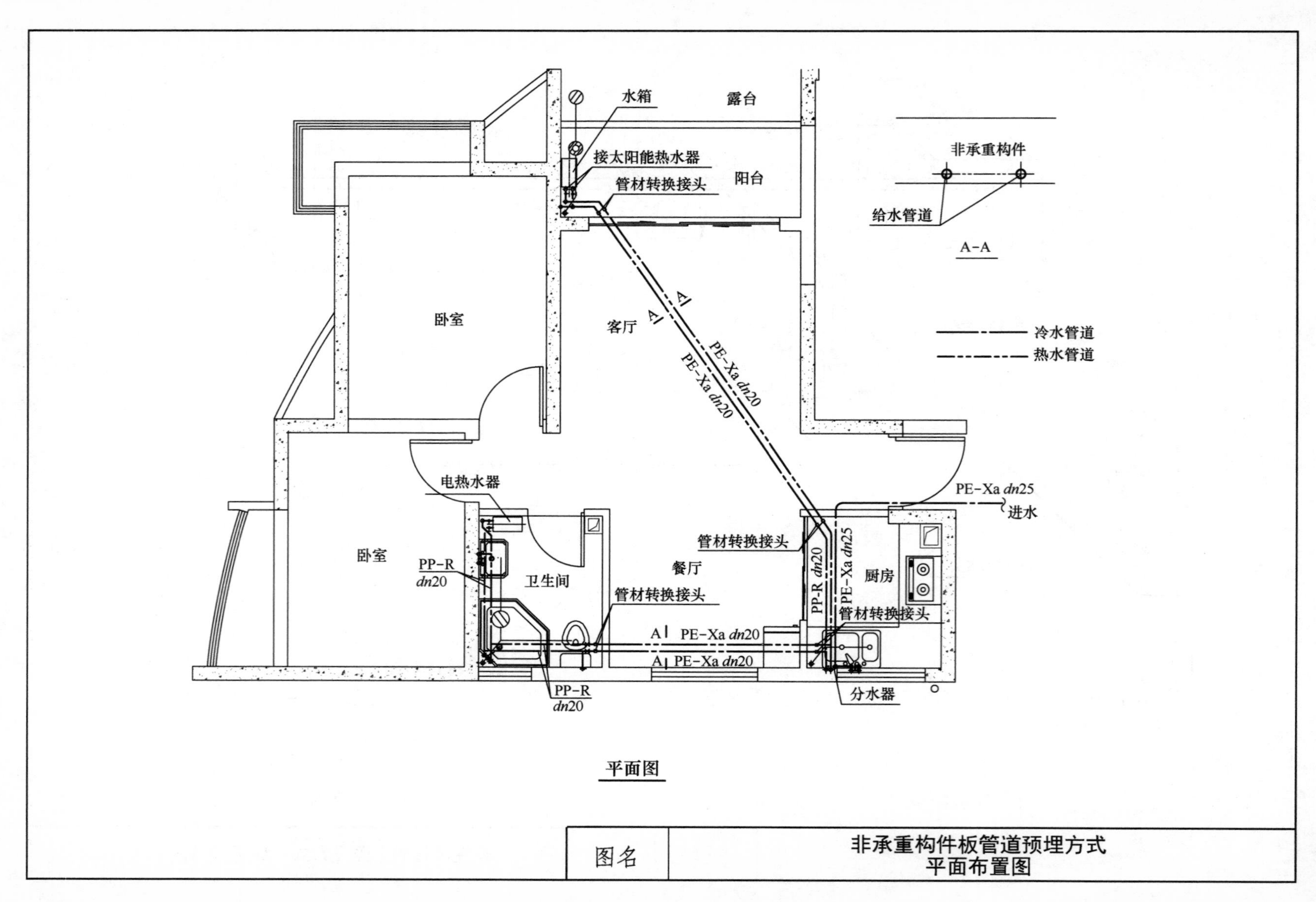

平面图

图名	非承重构件板管道预埋方式 平面布置图

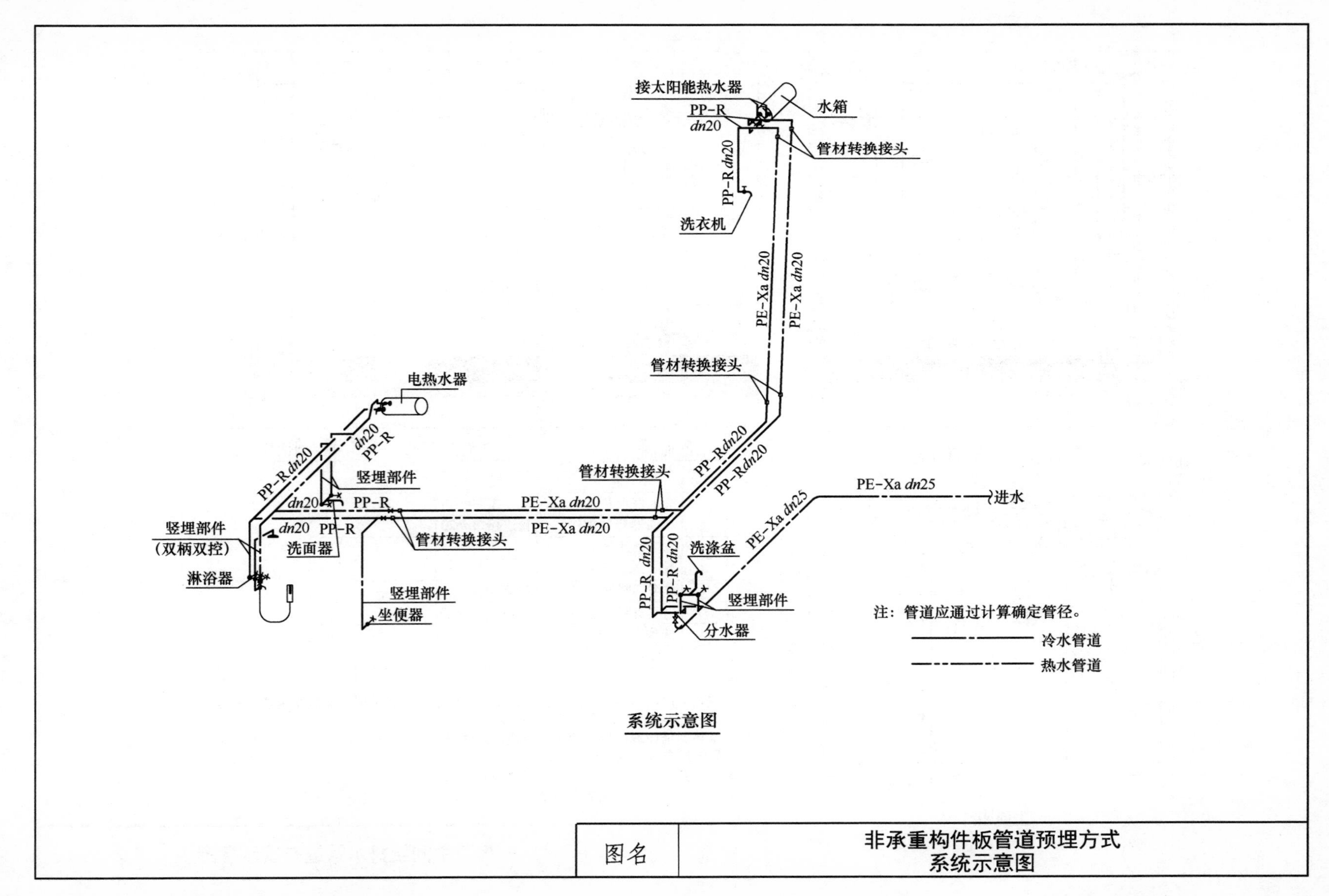

系统示意图

图名	非承重构件板管道预埋方式 系统示意图

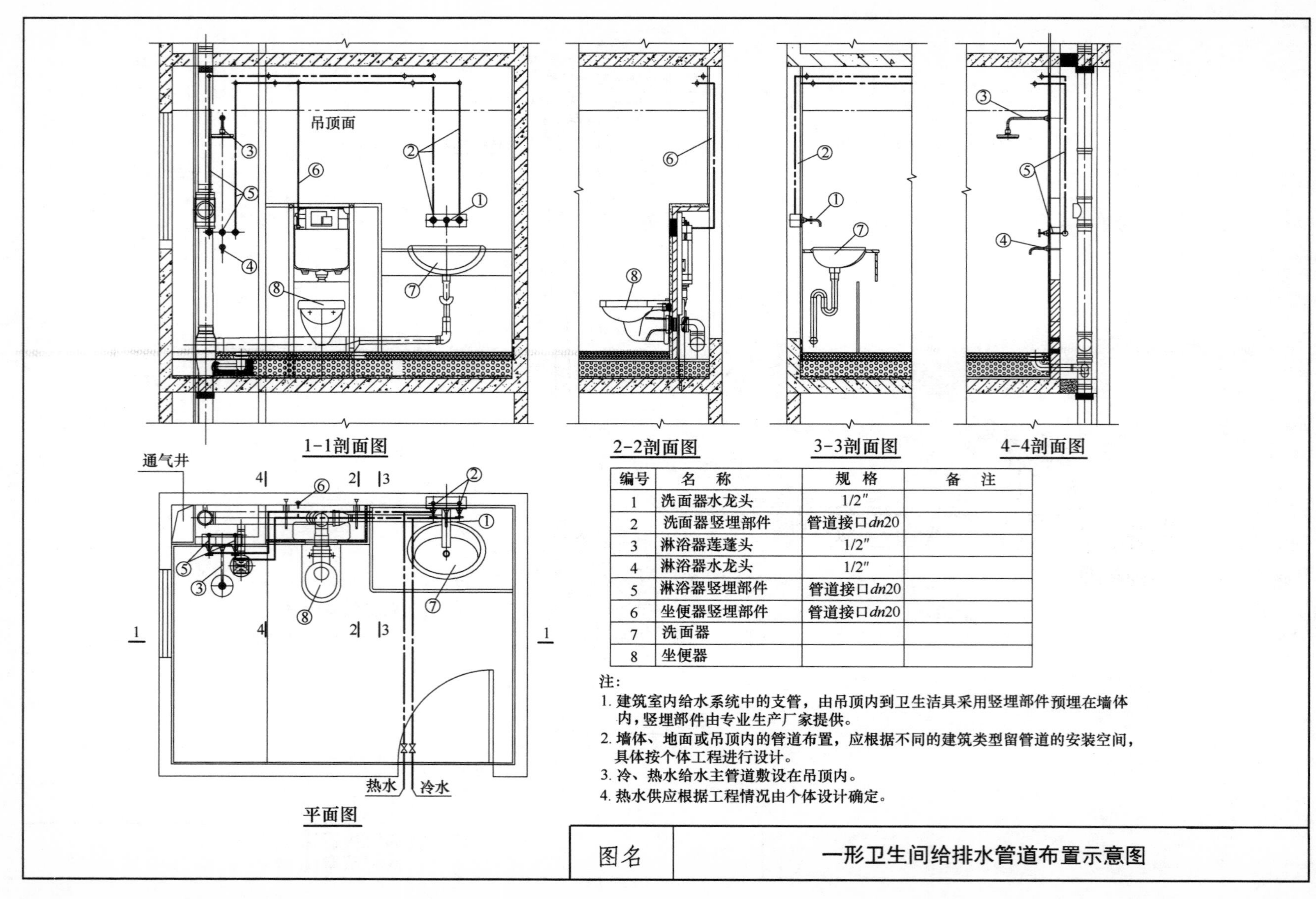

编号	名　称	规　格	备　注
1	洗面器水龙头	1/2"	
2	洗面器竖埋部件	管道接口*dn*20	
3	淋浴器莲蓬头	1/2"	
4	淋浴器水龙头	1/2"	
5	淋浴器竖埋部件	管道接口*dn*20	
6	坐便器竖埋部件	管道接口*dn*20	
7	洗面器		
8	坐便器		

注:
1. 建筑室内给水系统中的支管，由吊顶内到卫生洁具采用竖埋部件预埋在墙体内，竖埋部件由专业生产厂家提供。
2. 墙体、地面或吊顶内的管道布置，应根据不同的建筑类型留管道的安装空间，具体按个体工程进行设计。
3. 冷、热水给水主管道敷设在吊顶内。
4. 热水供应根据工程情况由个体设计确定。

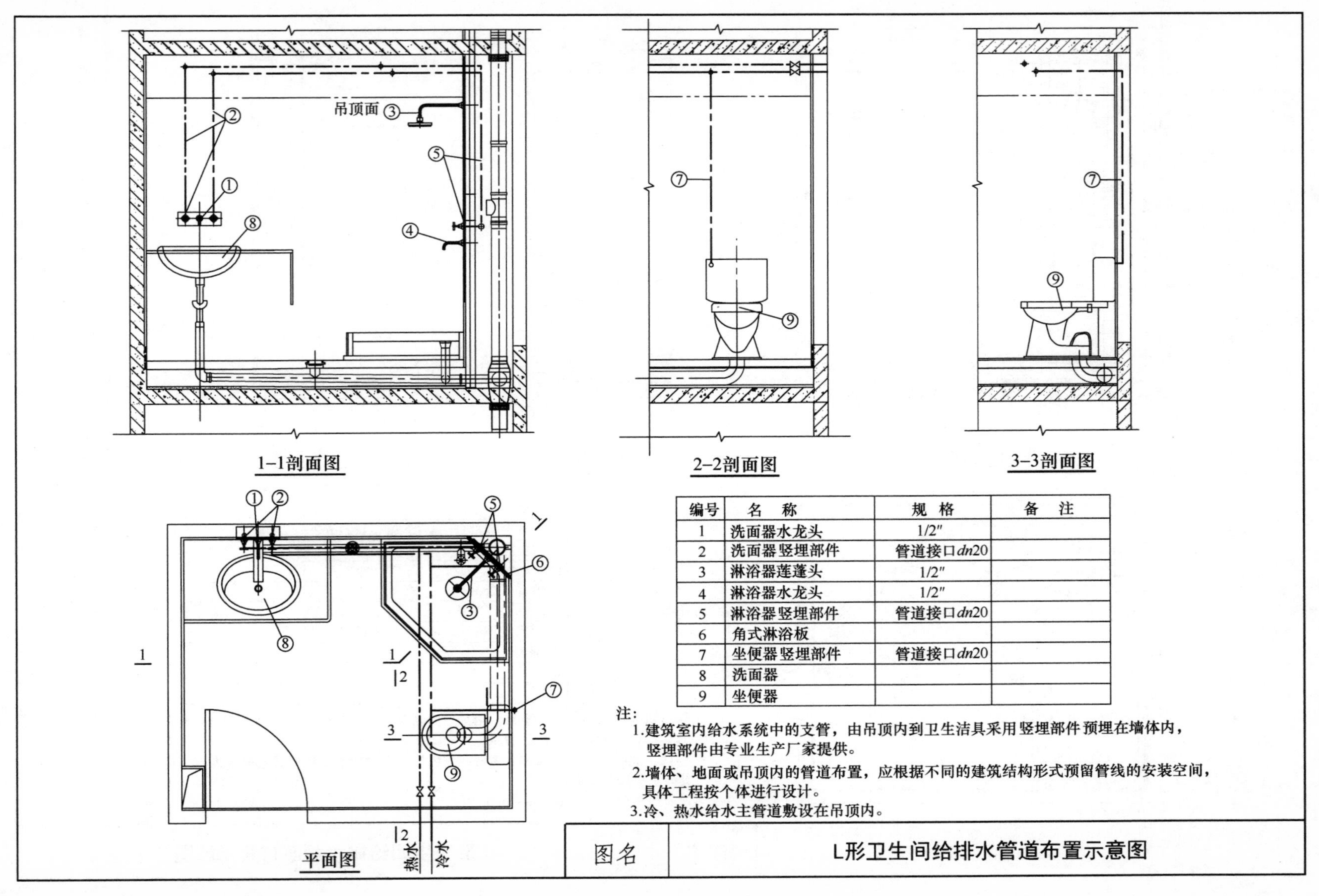

编号	名　称	规　格	备　注
1	洗面器水龙头	1/2″	
2	洗面器竖埋部件	管道接口$dn20$	
3	淋浴器莲蓬头	1/2″	
4	淋浴器水龙头	1/2″	
5	淋浴器竖埋部件	管道接口$dn20$	
6	角式淋浴板		
7	坐便器竖埋部件	管道接口$dn20$	
8	洗面器		
9	坐便器		

注:

1.建筑室内给水系统中的支管，由吊顶内到卫生洁具采用竖埋部件预埋在墙体内，竖埋部件由专业生产厂家提供。

2.墙体、地面或吊顶内的管道布置，应根据不同的建筑结构形式预留管线的安装空间，具体工程按个体进行设计。

3.冷、热水给水主管道敷设在吊顶内。

图名	L形卫生间给排水管道布置示意图

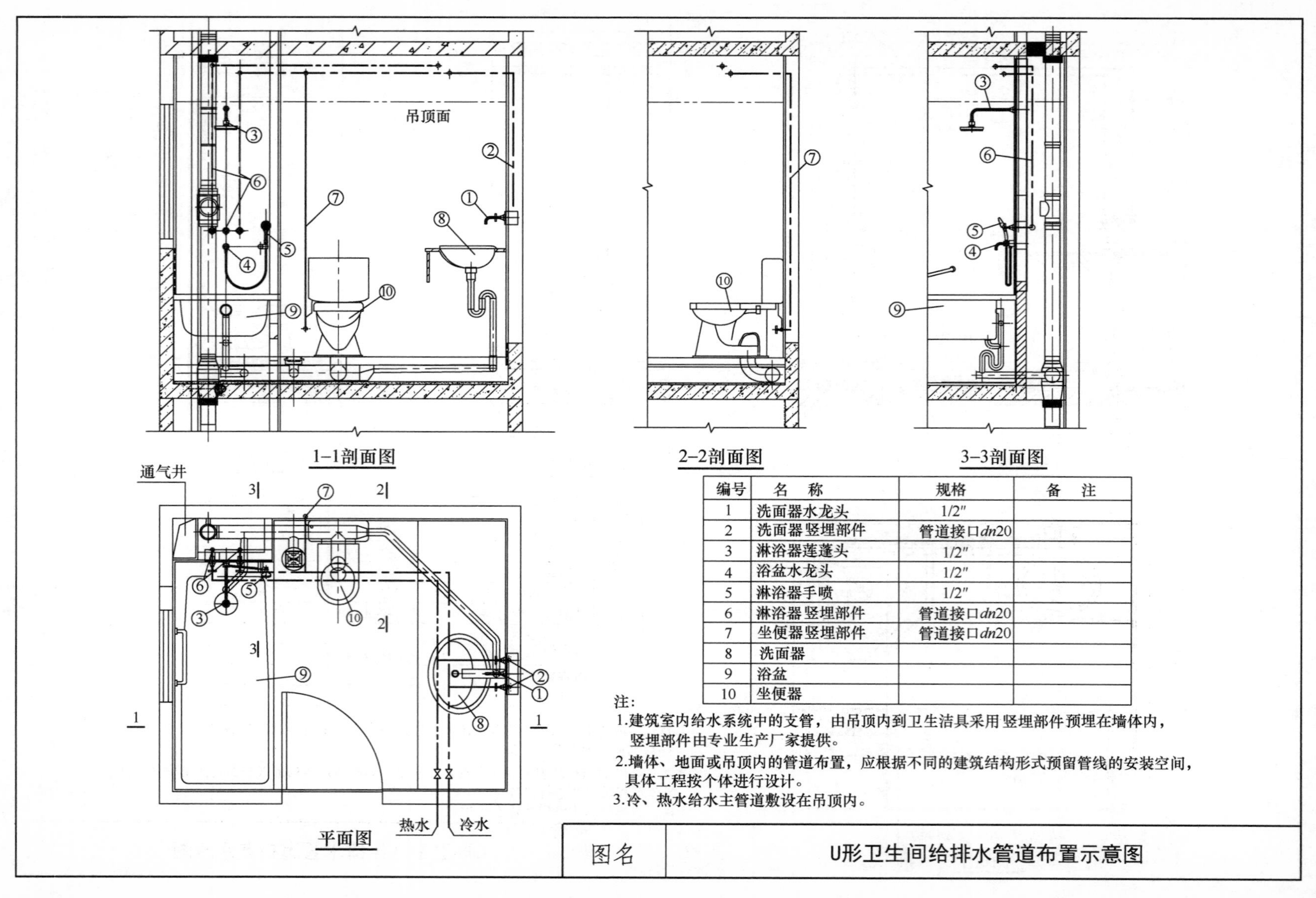

编号	名　称	规格	备　注
1	洗面器水龙头	1/2"	
2	洗面器竖埋部件	管道接口*dn*20	
3	淋浴器莲蓬头	1/2"	
4	浴盆水龙头	1/2"	
5	淋浴器手喷	1/2"	
6	淋浴器竖埋部件	管道接口*dn*20	
7	坐便器竖埋部件	管道接口*dn*20	
8	洗面器		
9	浴盆		
10	坐便器		

注:
1.建筑室内给水系统中的支管，由吊顶内到卫生洁具采用竖埋部件预埋在墙体内，竖埋部件由专业生产厂家提供。
2.墙体、地面或吊顶内的管道布置，应根据不同的建筑结构形式预留管线的安装空间，具体工程按个体进行设计。
3.冷、热水给水主管道敷设在吊顶内。

图名	U形卫生间给排水管道布置示意图

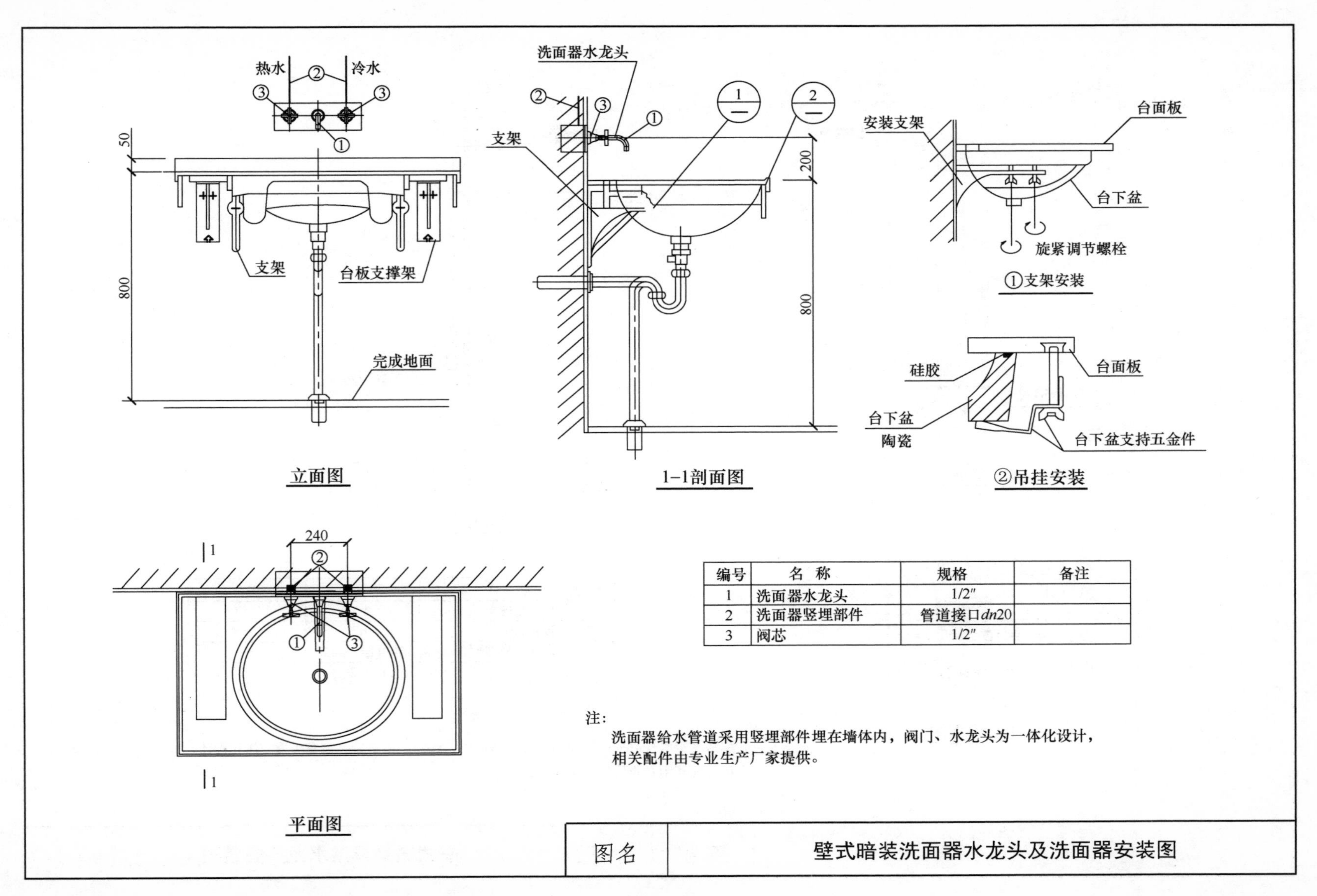

编号	名　称	规格	备注
1	洗面器水龙头	1/2″	
2	洗面器竖埋部件	管道接口$dn20$	
3	阀芯	1/2″	

注：

洗面器给水管道采用竖埋部件埋在墙体内，阀门、水龙头为一体化设计，相关配件由专业生产厂家提供。

图名	壁式暗装洗面器水龙头及洗面器安装图

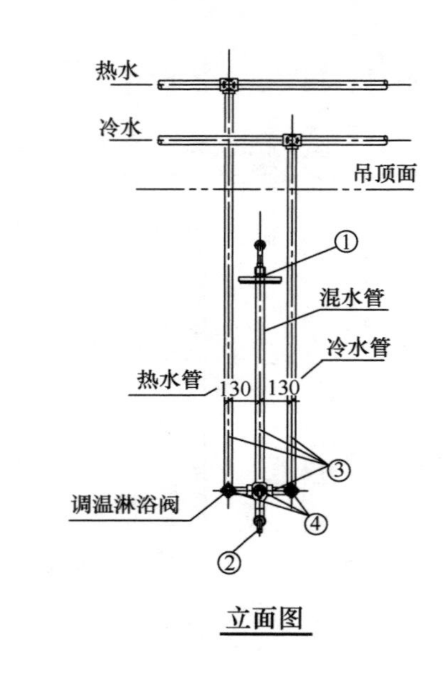

立面图

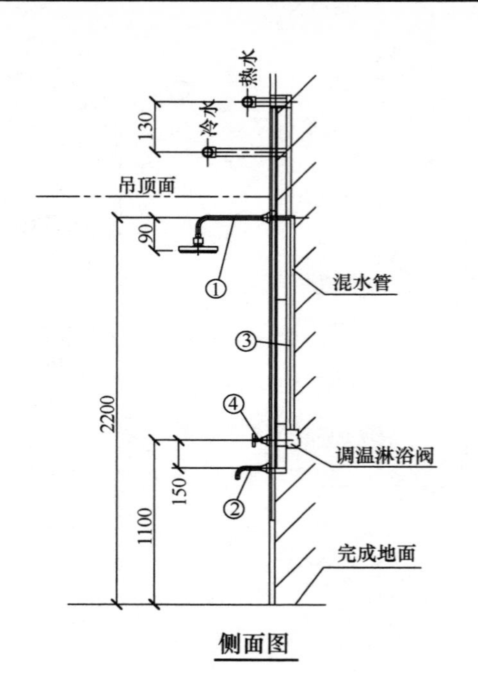

侧面图

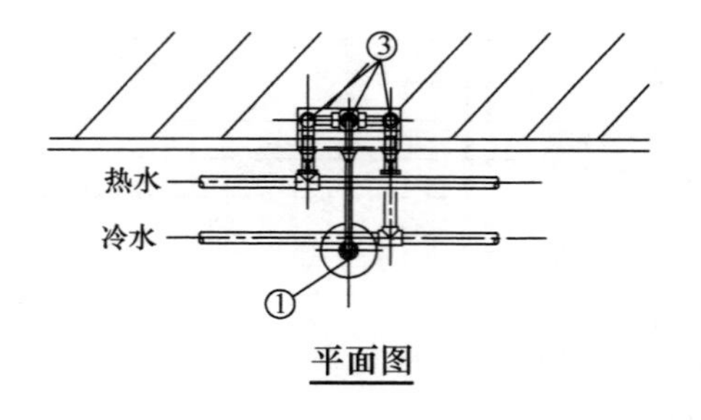

平面图

编号	名　称	规格	备注
1	淋浴器莲蓬头	1/2"	
2	淋浴器水龙头	1/2"	
3	淋浴器竖埋部件	管道接口dn20	
4	阀芯	1/2"	

注:

淋浴器给水管道采用竖埋部件埋在墙体内，阀门、出水口、水龙头为一体化设计，相关配件由专业生产厂家提供。

图名	壁式暗装淋浴水龙头安装图

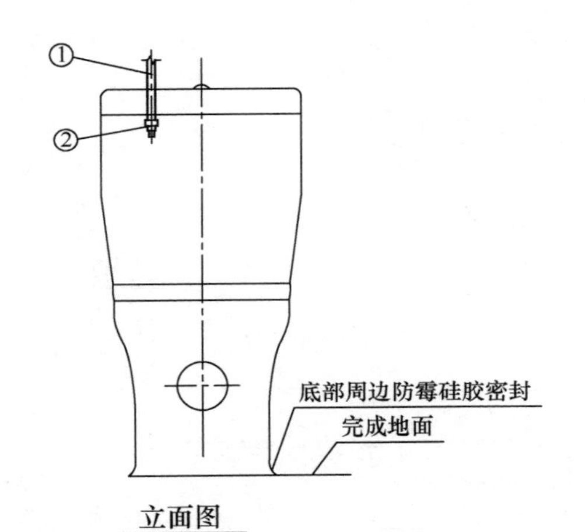

立面图

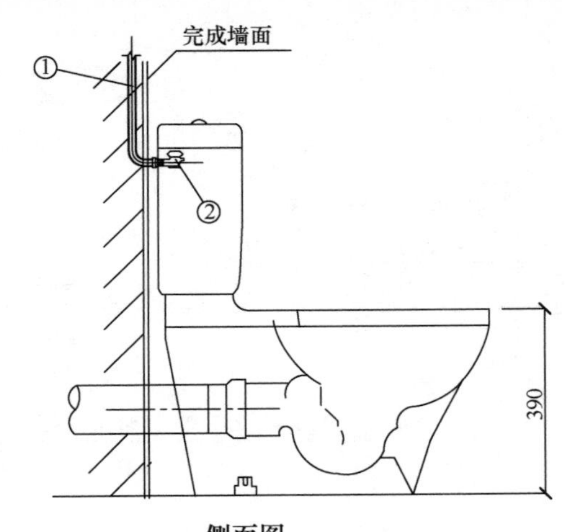

侧面图

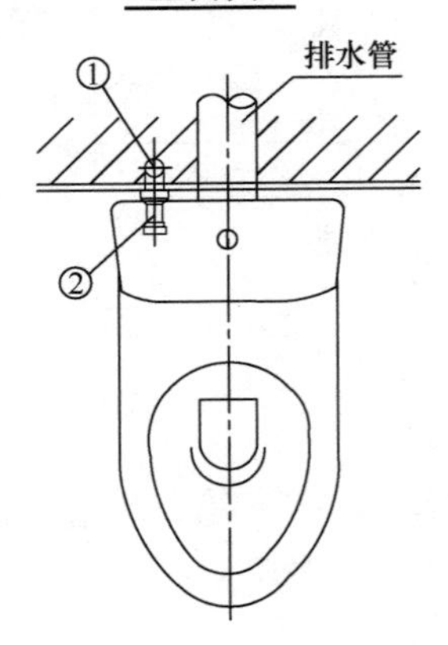

平面图

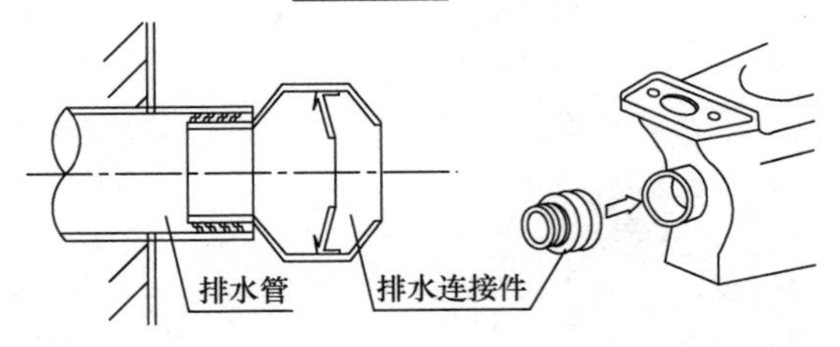

排水连接件TX215C

编号	名 称	规格	备注
1	坐便器竖埋部件	管道接口$dn20$	
2	箱内角阀	1/2″	

注：

坐便器给水管道采用竖埋部件埋在墙体内，管道与箱内角阀为一体化设计，相关配件由专业生产厂家提供。

图名	坐便器后进后排安装图

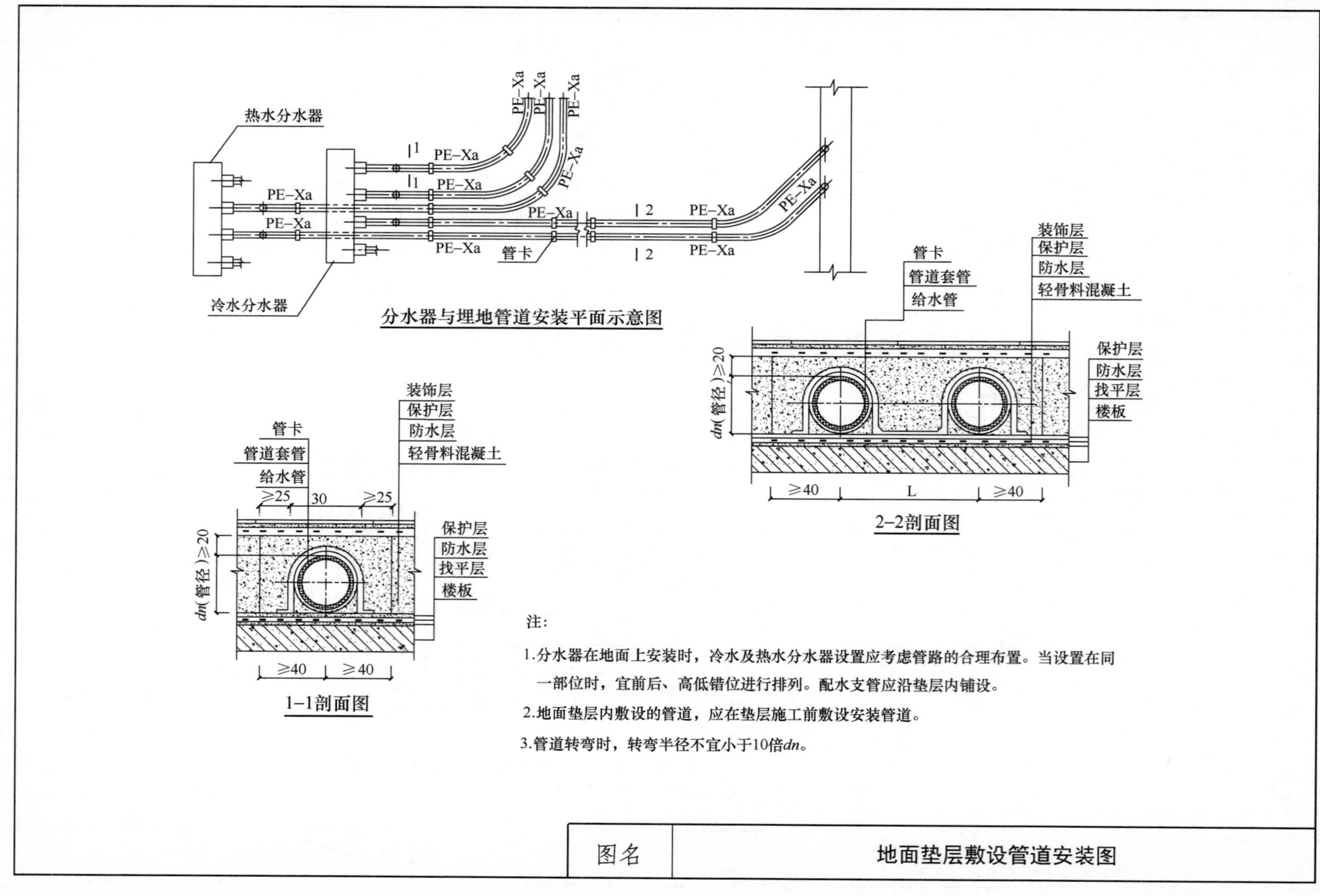

注:

1.分水器在地面上安装时，冷水及热水分水器设置应考虑管路的合理布置。当设置在同一部位时，宜前后、高低错位进行排列。配水支管应沿垫层内铺设。

2.地面垫层内敷设的管道，应在垫层施工前敷设安装管道。

3.管道转弯时，转弯半径不宜小于10倍dn。

图名	地面垫层敷设管道安装图

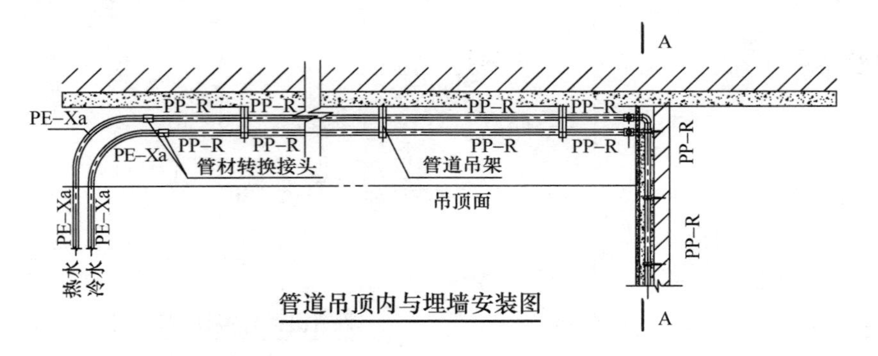

管道吊顶内与埋墙安装图

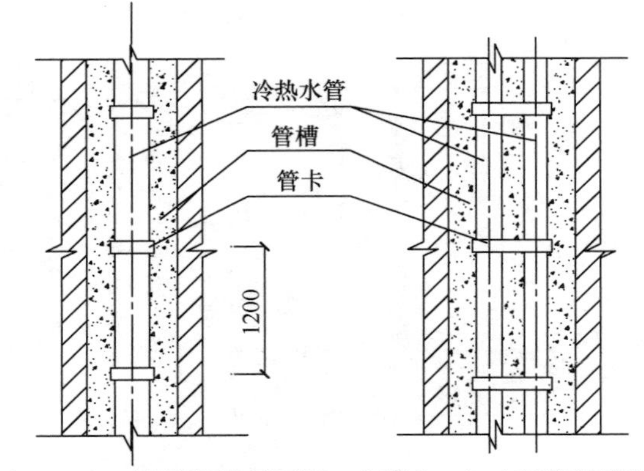

方案1：A–A单管埋墙剖面图　方案2：A–A双管埋墙剖面图

注：

1. 管道应在土建吊顶施工前完成系统安装及验收。
2. 埋墙管道应按设计或卫生器具的接管位置确定。
3. 埋墙管道根据管道走向开槽，管道采用管卡固定在槽内，管道验收合格后采用M10水泥砂浆将管槽填实。
4. PE–Xa管道转弯时，转弯半径不宜小于10倍*dn*。

图名	吊顶敷设与埋墙敷设管道安装图

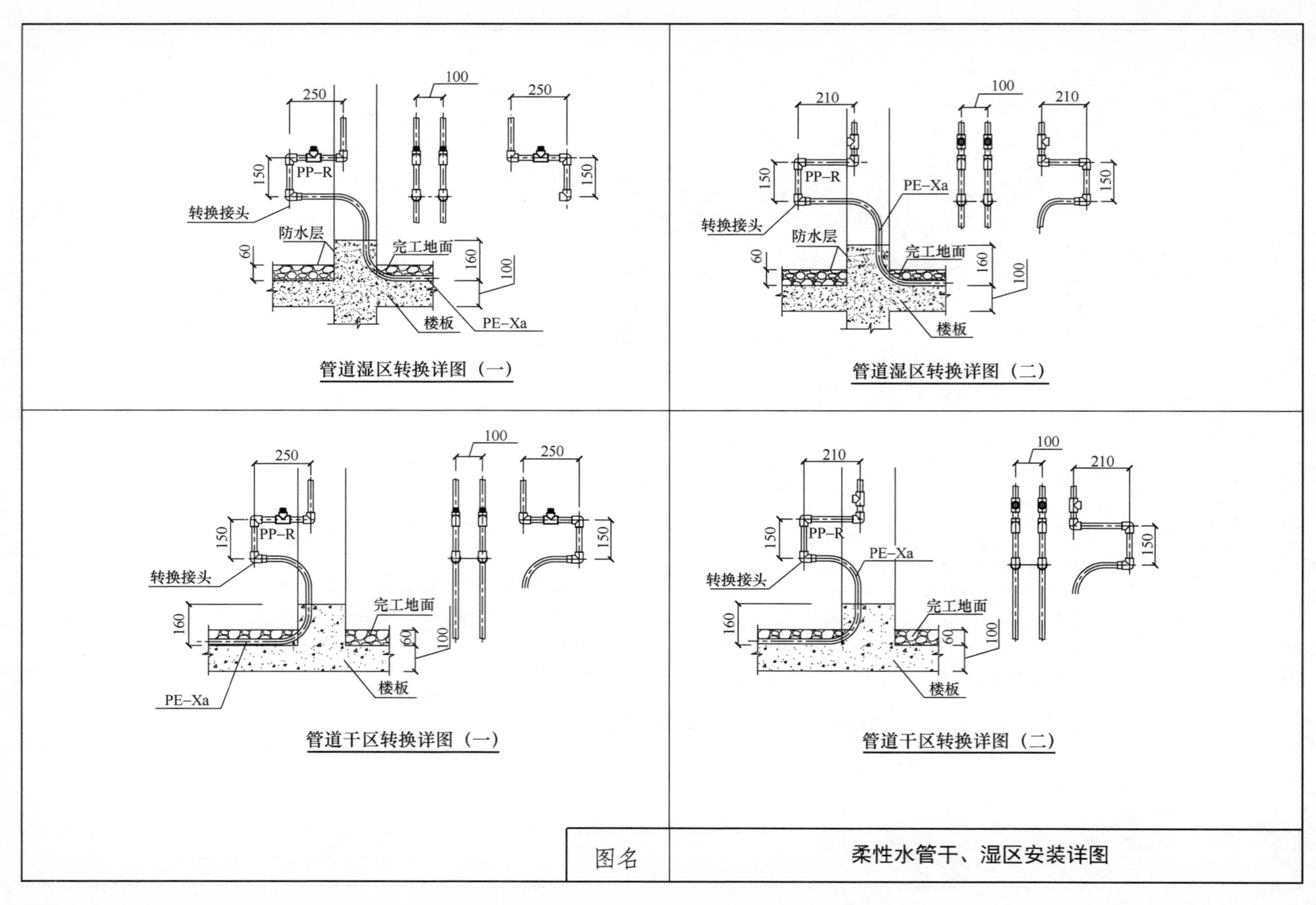

管道湿区转换详图（一）

管道湿区转换详图（二）

管道干区转换详图（一）

管道干区转换详图（二）

图名	柔性水管干、湿区安装详图

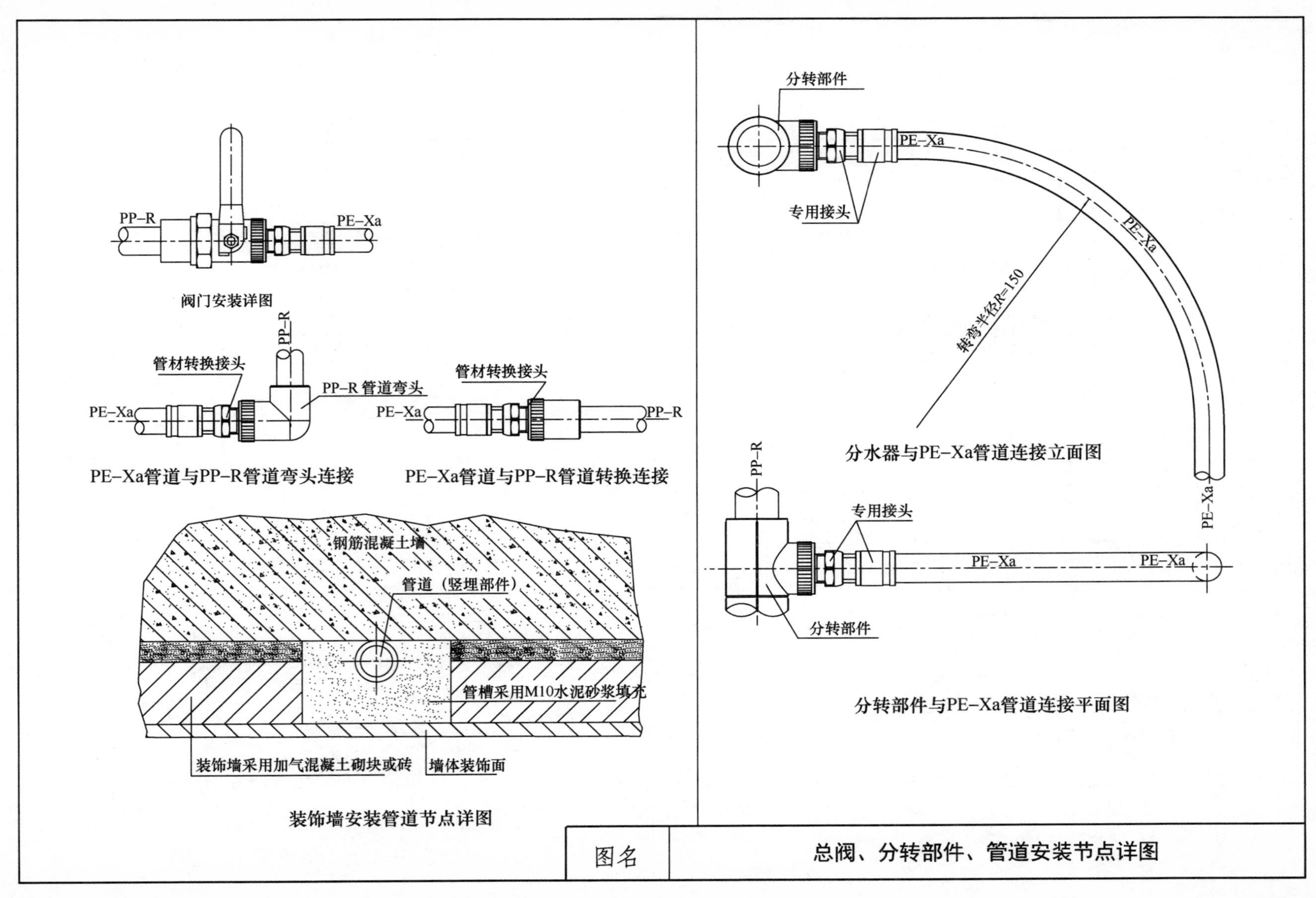
PP-R
PE-Xa
阀门安装详图
PP-R
管材转换接头
PP-R 管道弯头
PE-Xa
PE-Xa管道与PP-R管道弯头连接
管材转换接头
PE-Xa
PP-R
PE-Xa管道与PP-R管道转换连接
钢筋混凝土墙
管道（竖埋部件）
管槽采用M10水泥砂浆填充
装饰墙采用加气混凝土砌块或砖
墙体装饰面
装饰墙安装管道节点详图
分转部件
PE-Xa
专用接头
PE-Xa
转弯半径R=150
分水器与PE-Xa管道连接立面图
PP-R
专用接头
PE-Xa
PE-Xa
PE-Xa
分转部件
分转部件与PE-Xa管道连接平面图
图名
总阀、分转部件、管道安装节点详图

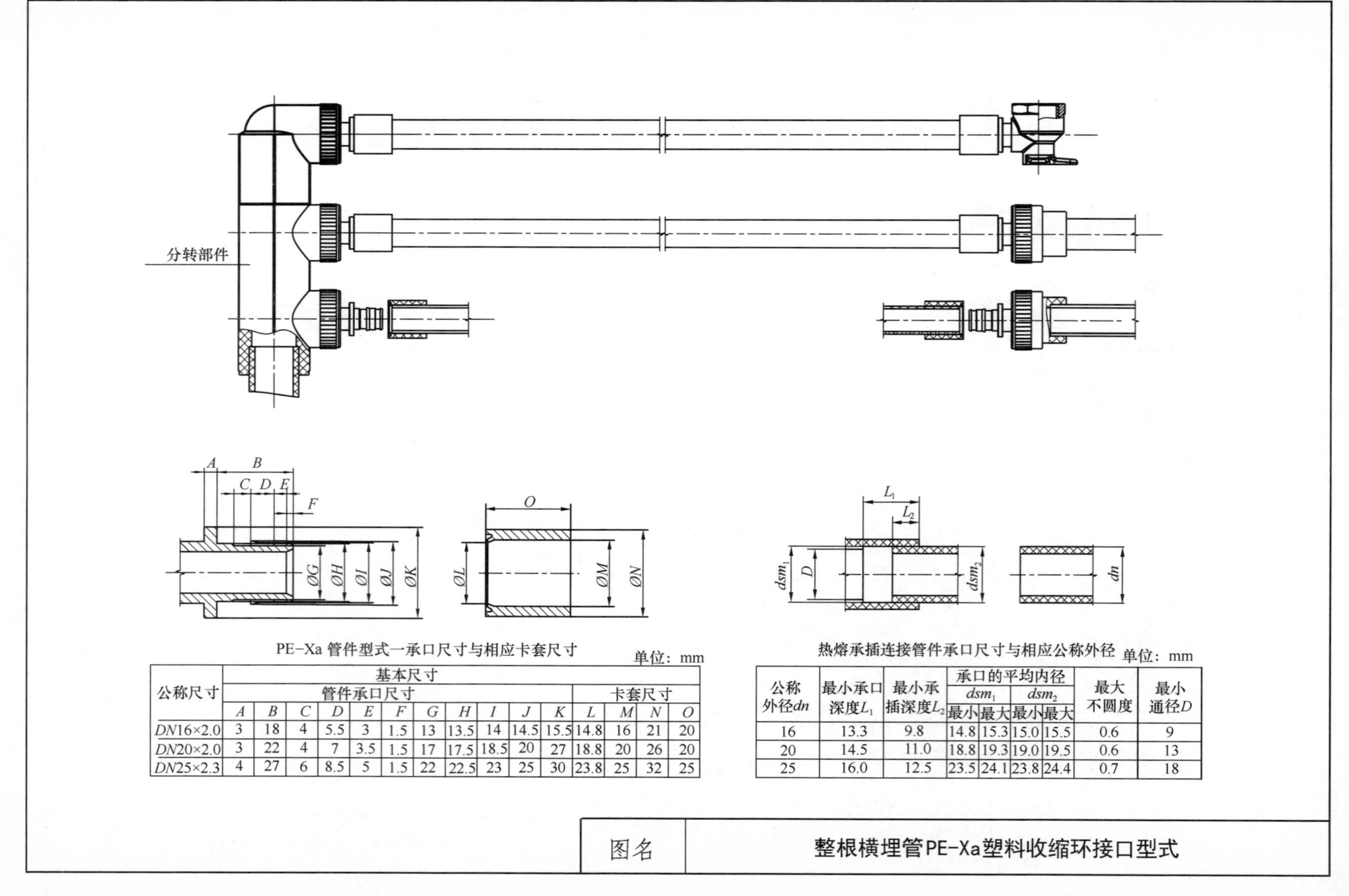

PE-Xa 管件型式一承口尺寸与相应卡套尺寸

单位：mm

公称尺寸	基本尺寸														
	管件承口尺寸											卡套尺寸			
	A	*B*	*C*	*D*	*E*	*F*	*G*	*H*	*I*	*J*	*K*	*L*	*M*	*N*	*O*
*DN*16×2.0	3	18	4	5.5	3	1.5	13	13.5	14	14.5	15.5	14.8	16	21	20
*DN*20×2.0	3	22	4	7	3.5	1.5	17	17.5	18.5	20	27	18.8	20	26	20
*DN*25×2.3	4	27	6	8.5	5	1.5	22	22.5	23	25	30	23.8	25	32	25

热熔承插连接管件承口尺寸与相应公称外径

单位：mm

公称外径*dn*	最小承口深度L_1	最小承插深度L_2	承口的平均内径				最大不圆度	最小通径*D*
			dsm_1		dsm_2			
			最小	最大	最小	最大		
16	13.3	9.8	14.8	15.3	15.0	15.5	0.6	9
20	14.5	11.0	18.8	19.3	19.0	19.5	0.6	13
25	16.0	12.5	23.5	24.1	23.8	24.4	0.7	18

图名	整根横埋管PE-Xa塑料收缩环接口型式

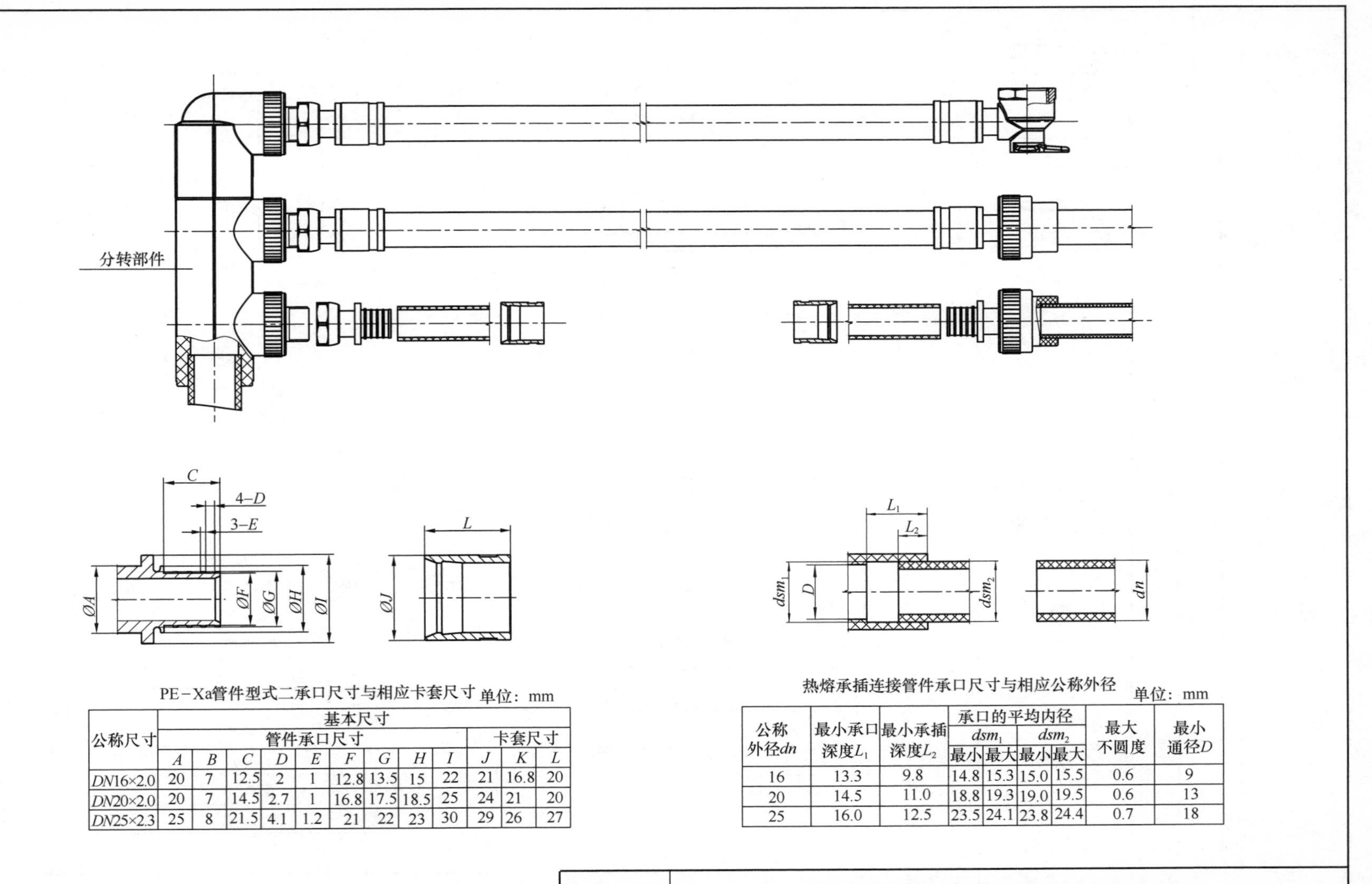

PE–Xa管件型式二承口尺寸与相应卡套尺寸 单位：mm

公称尺寸	基本尺寸											
	管件承口尺寸									卡套尺寸		
	A	B	C	D	E	F	G	H	I	J	K	L
DN16×2.0	20	7	12.5	2	1	12.8	13.5	15	22	21	16.8	20
DN20×2.0	20	7	14.5	2.7	1	16.8	17.5	18.5	25	24	21	20
DN25×2.3	25	8	21.5	4.1	1.2	21	22	23	30	29	26	27

热熔承插连接管件承口尺寸与相应公称外径 单位：mm

公称外径dn	最小承口深度L_1	最小承插深度L_2	承口的平均内径				最大不圆度	最小通径D
			dsm_1		dsm_2			
			最小	最大	最小	最大		
16	13.3	9.8	14.8	15.3	15.0	15.5	0.6	9
20	14.5	11.0	18.8	19.3	19.0	19.5	0.6	13
25	16.0	12.5	23.5	24.1	23.8	24.4	0.7	18

图名	整根横埋管PE-Xa金属拉紧环接口型式

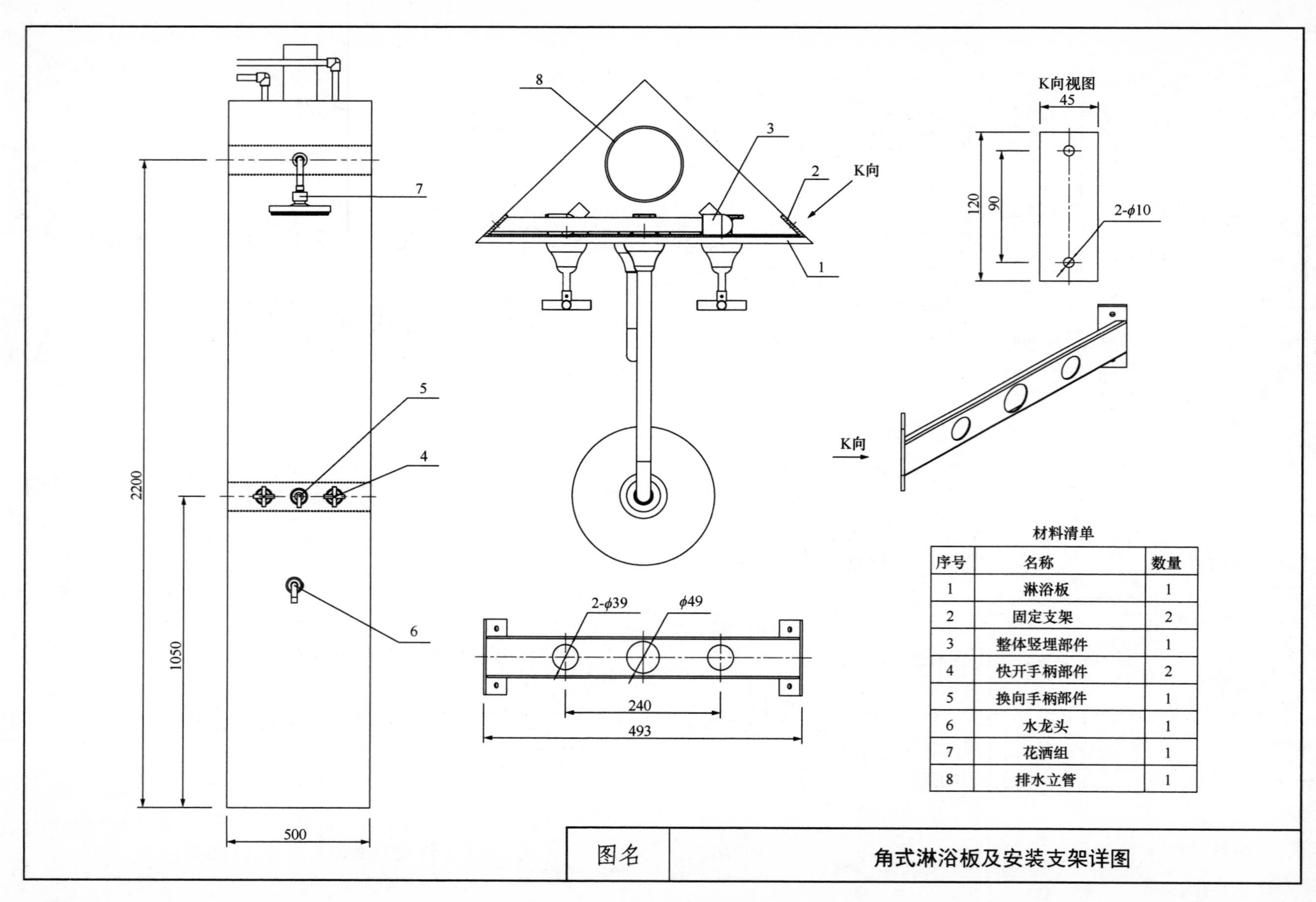

材料清单

序号	名称	数量
1	淋浴板	1
2	固定支架	2
3	整体竖埋部件	1
4	快开手柄部件	2
5	换向手柄部件	1
6	水龙头	1
7	花洒组	1
8	排水立管	1

图名	角式淋浴板及安装支架详图

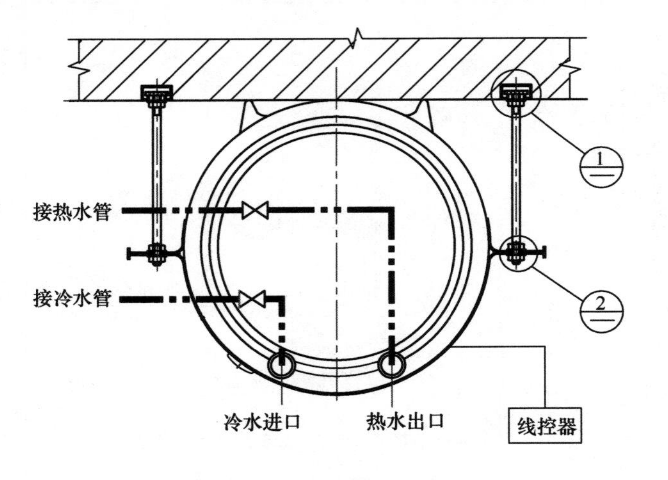

顶板吊装储水箱安装示意图

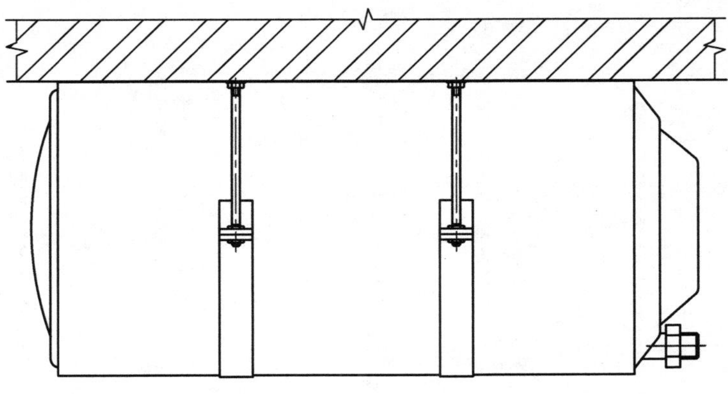

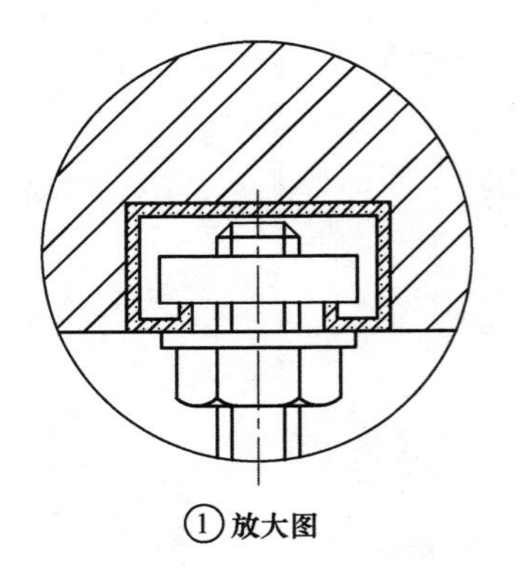

① 放大图

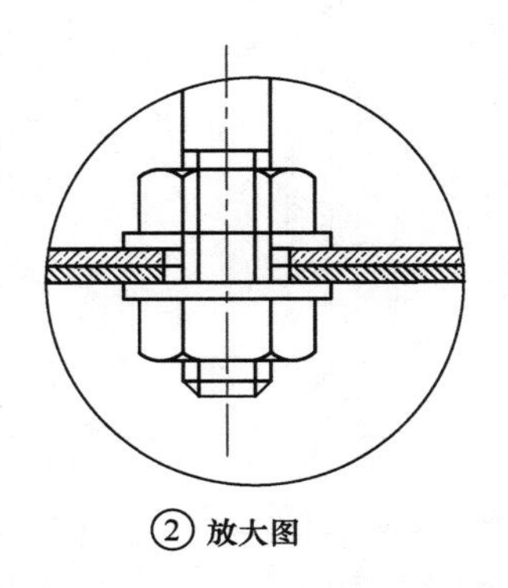

② 放大图

注:

1.吊装电热水器储水箱与楼板的连接为专用预埋件。

2.吊点与电热水器充满水后的重量应提供给结构专业。

图名	侧向进出水全隐藏电热水器吊顶安装示意图

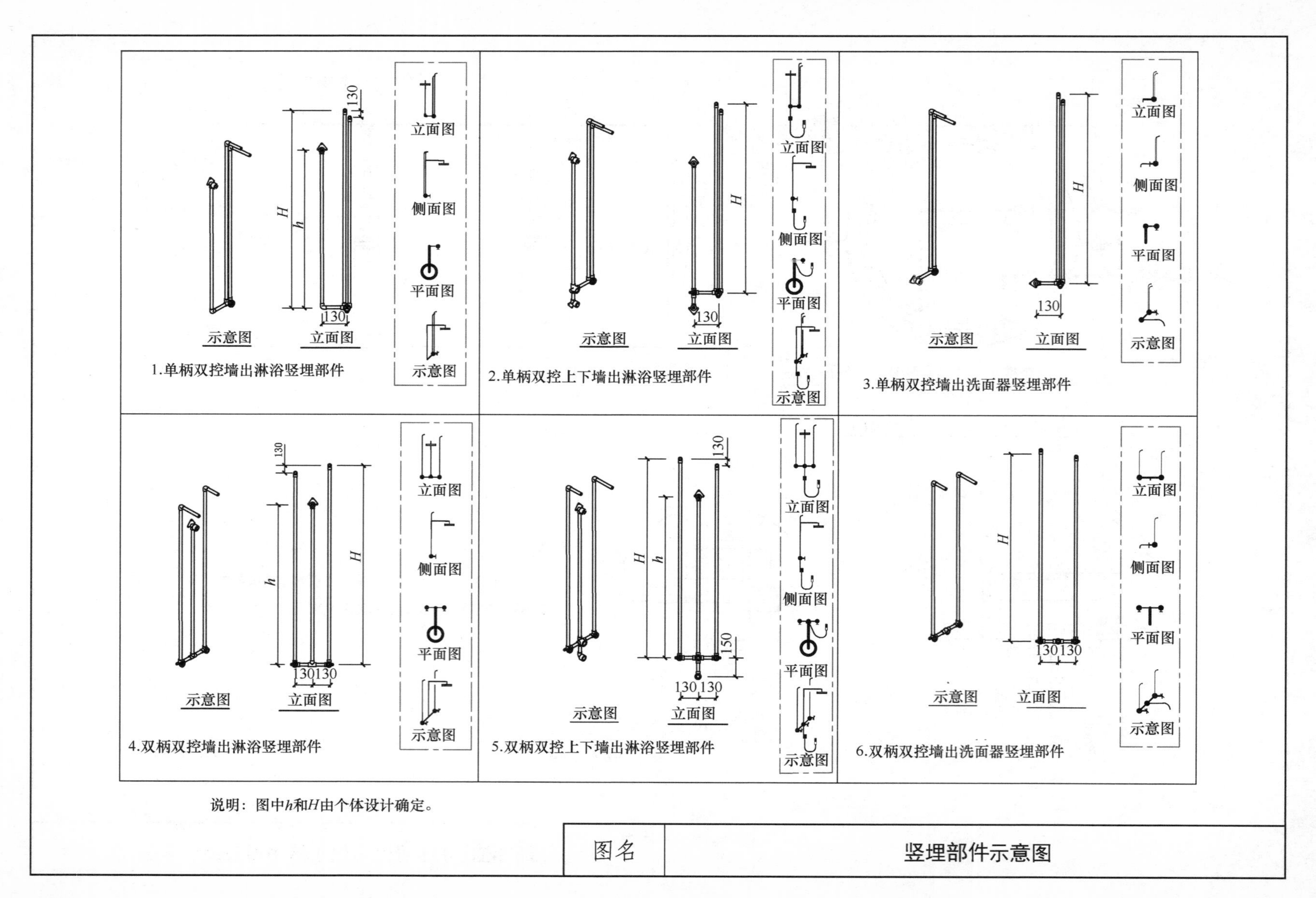

说明：图中h和H由个体设计确定。

图名	竖埋部件示意图

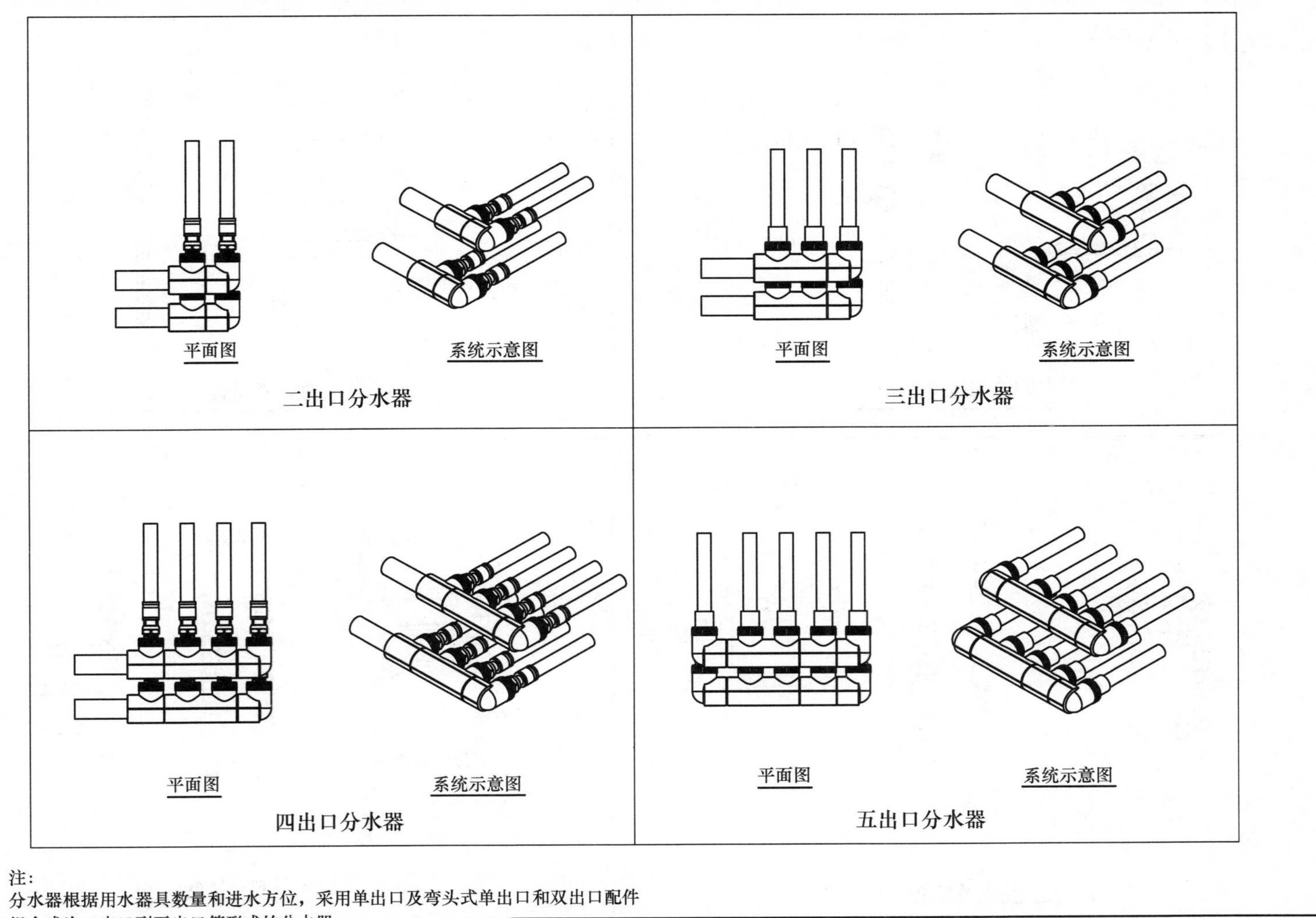

注：
分水器根据用水器具数量和进水方位，采用单出口及弯头式单出口和双出口配件组合成为二出口到五出口等形式的分水器。

图名	分转部件详图（水平形式）

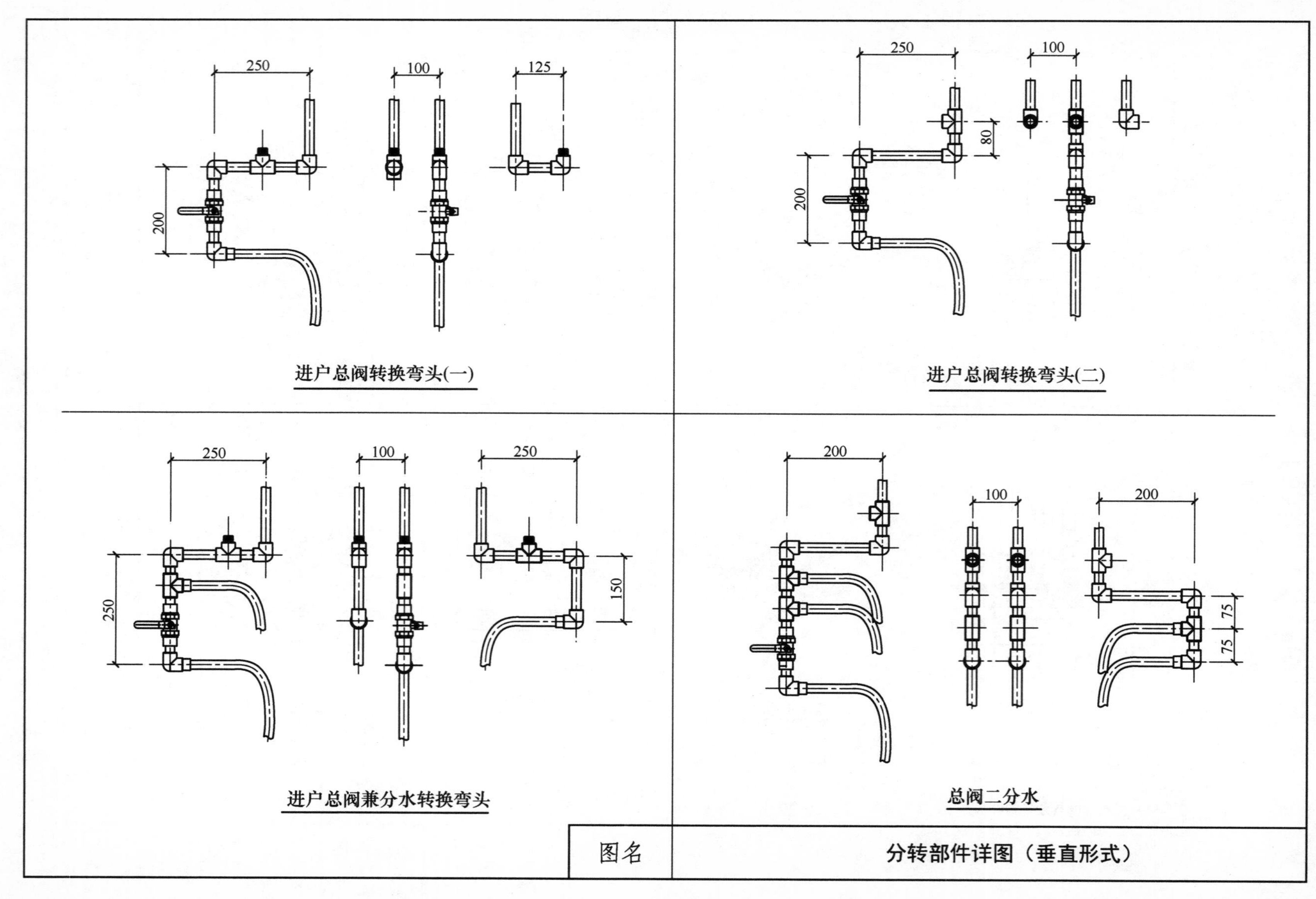
250
100
125
200
进户总阀转换弯头(一)
250
100
80
200
进户总阀转换弯头(二)
250
100
250
250
150
进户总阀兼分水转换弯头
200
100
200
75
75
总阀二分水
图名
分转部件详图（垂直形式）

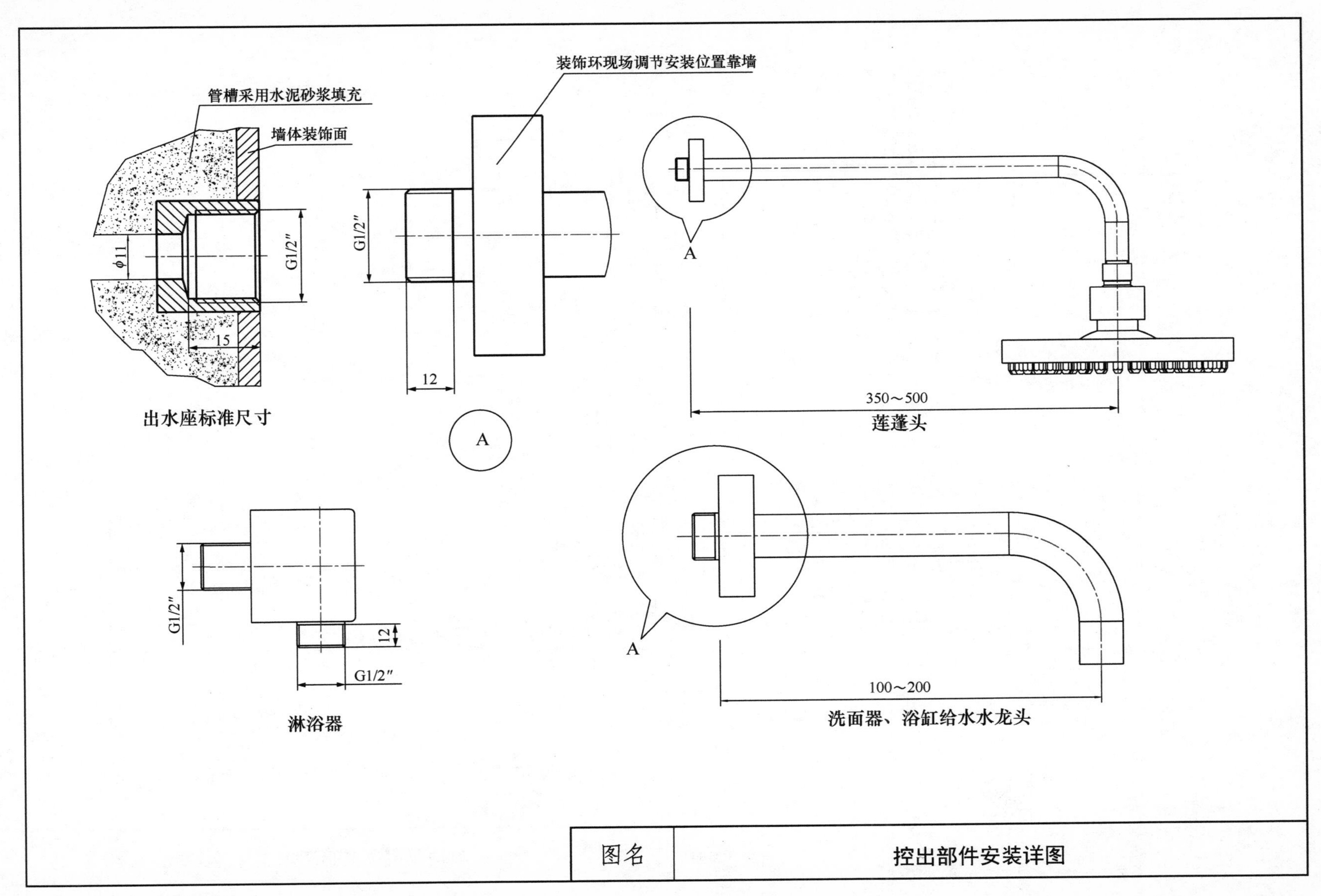
管槽采用水泥砂浆填充
墙体装饰面
ϕ11
G1/2″
15
出水座标准尺寸
装饰环现场调节安装位置靠墙
G1/2″
12
A
A
350～500
莲蓬头
G1/2″
12
G1/2″
淋浴器
A
100～200
洗面器、浴缸给水水龙头

图名	控出部件安装详图

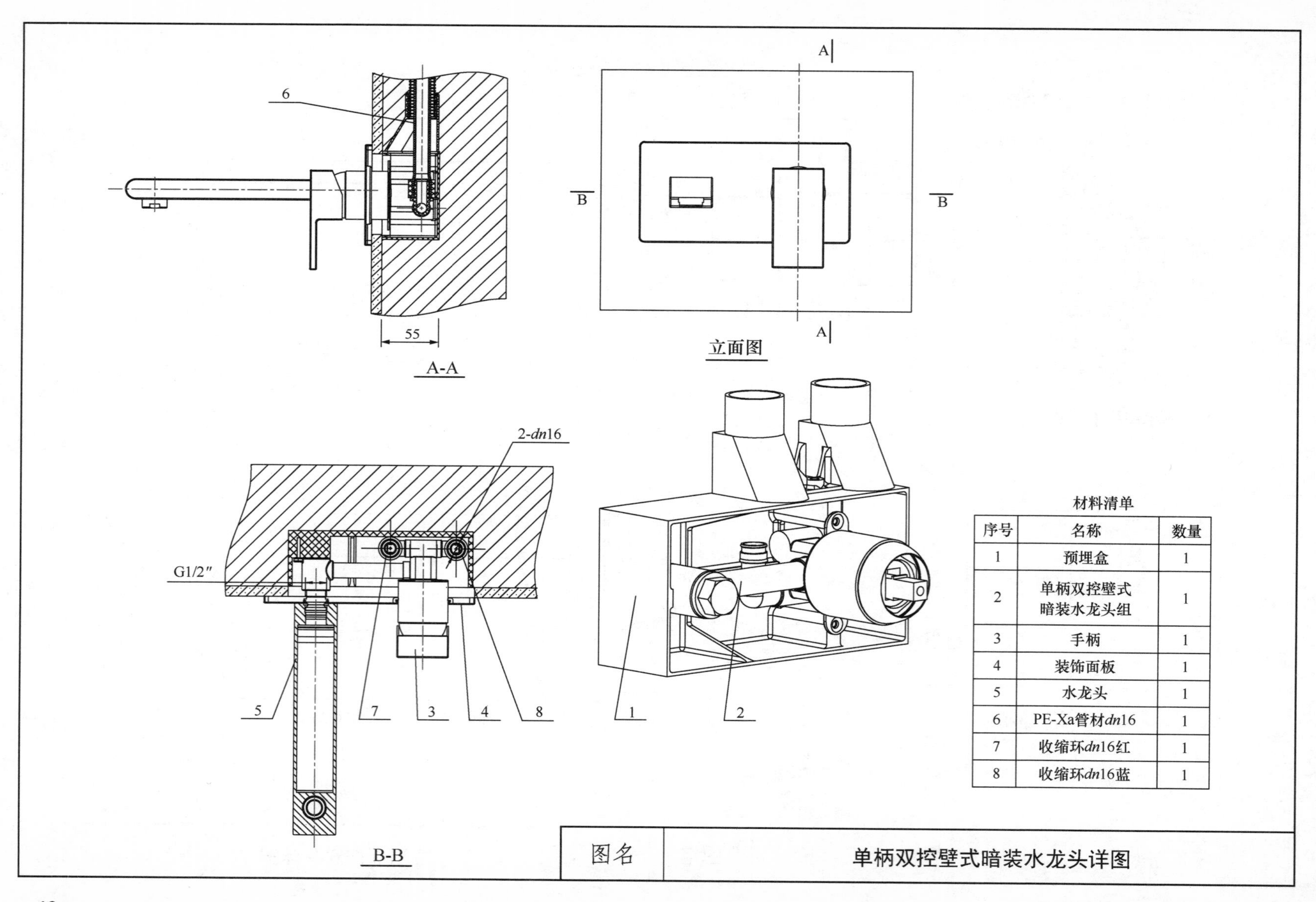

材料清单

序号	名称	数量
1	预埋盒	1
2	单柄双控壁式暗装水龙头组	1
3	手柄	1
4	装饰面板	1
5	水龙头	1
6	PE-Xa管材*dn*16	1
7	收缩环*dn*16红	1
8	收缩环*dn*16蓝	1

图名	单柄双控壁式暗装水龙头详图

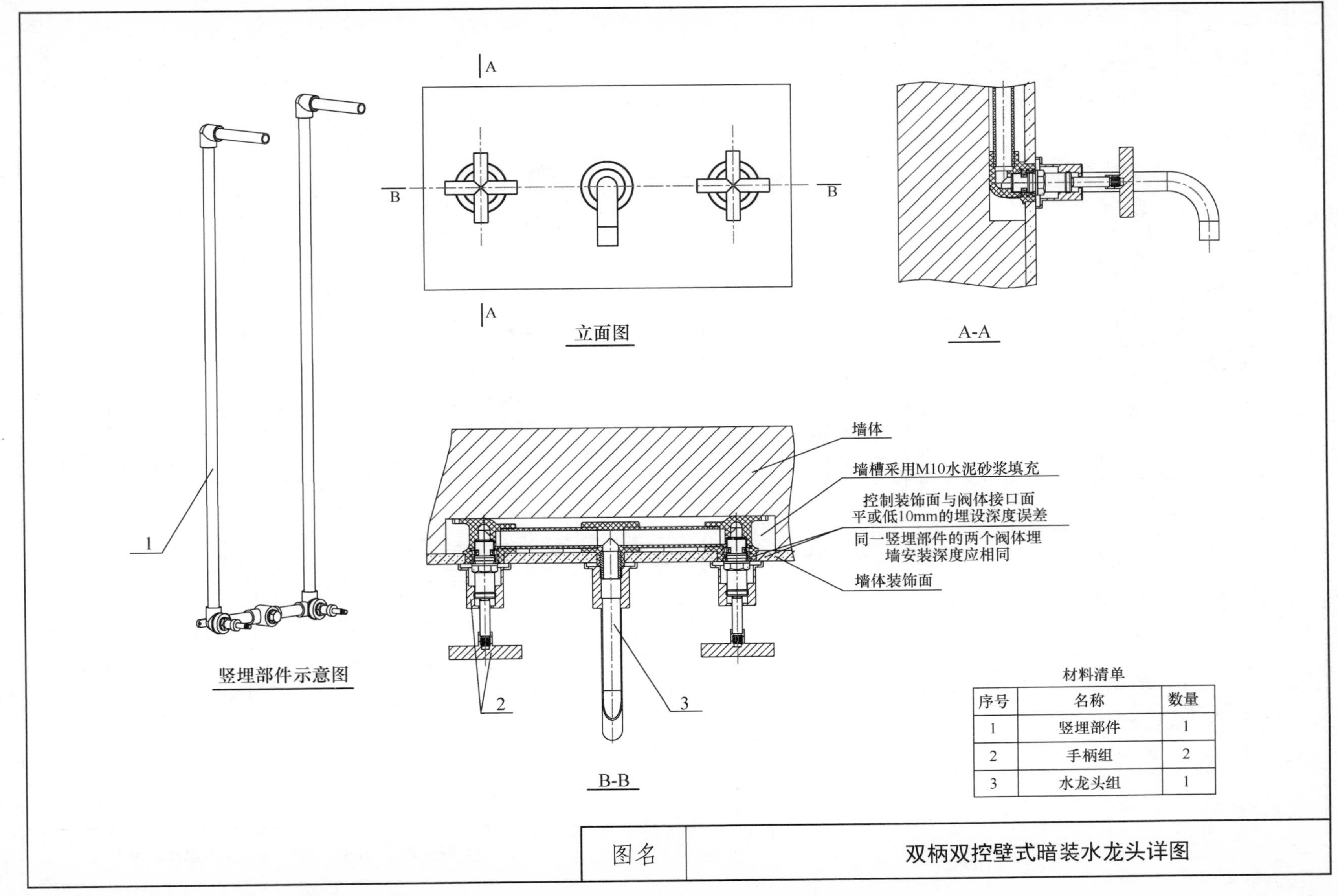

材料清单

序号	名称	数量
1	竖埋部件	1
2	手柄组	2
3	水龙头组	1

图名	双柄双控壁式暗装水龙头详图

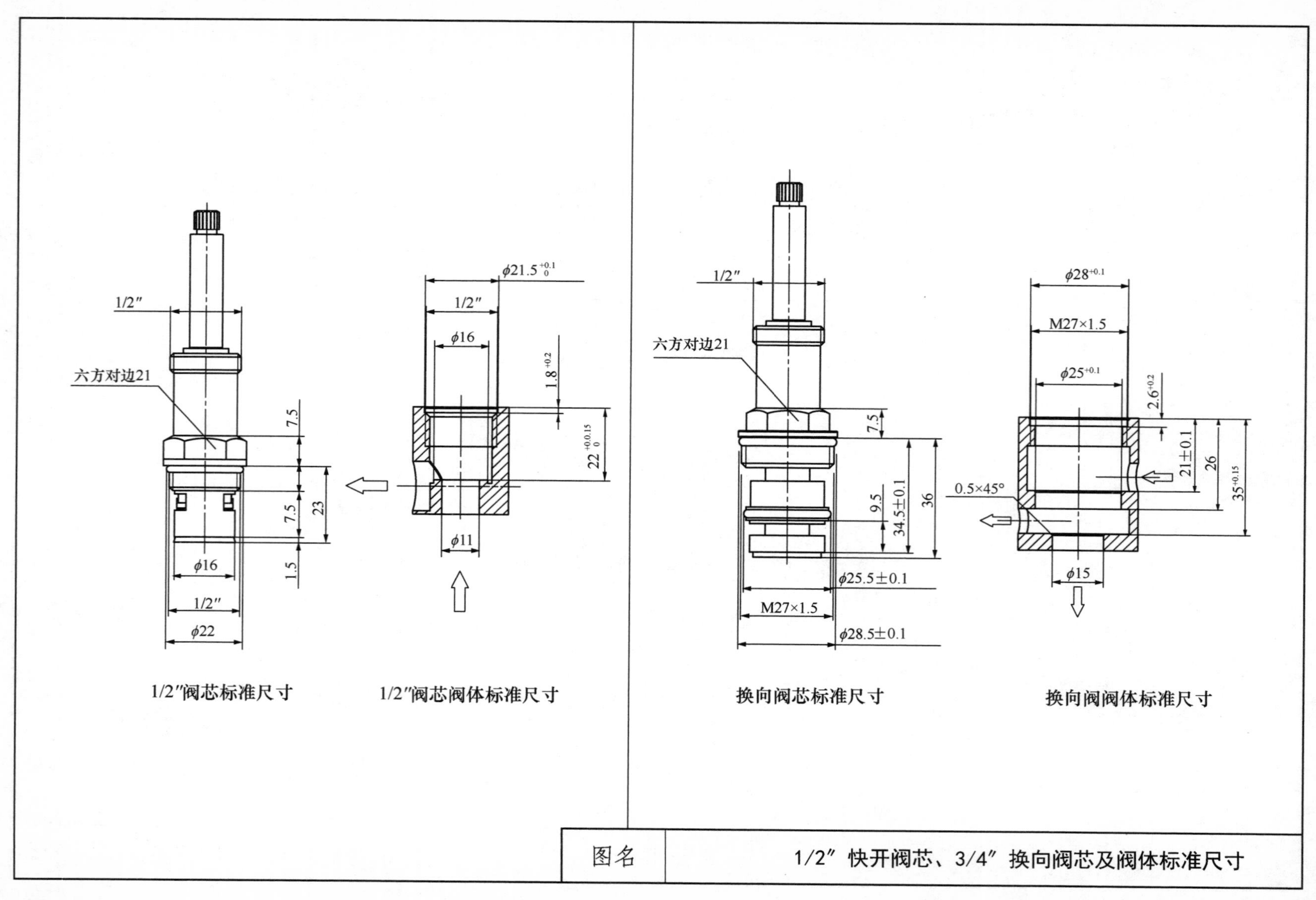

1/2″阀芯标准尺寸

1/2″阀芯阀体标准尺寸

换向阀芯标准尺寸

换向阀阀体标准尺寸

图名	1/2″ 快开阀芯、3/4″ 换向阀芯及阀体标准尺寸

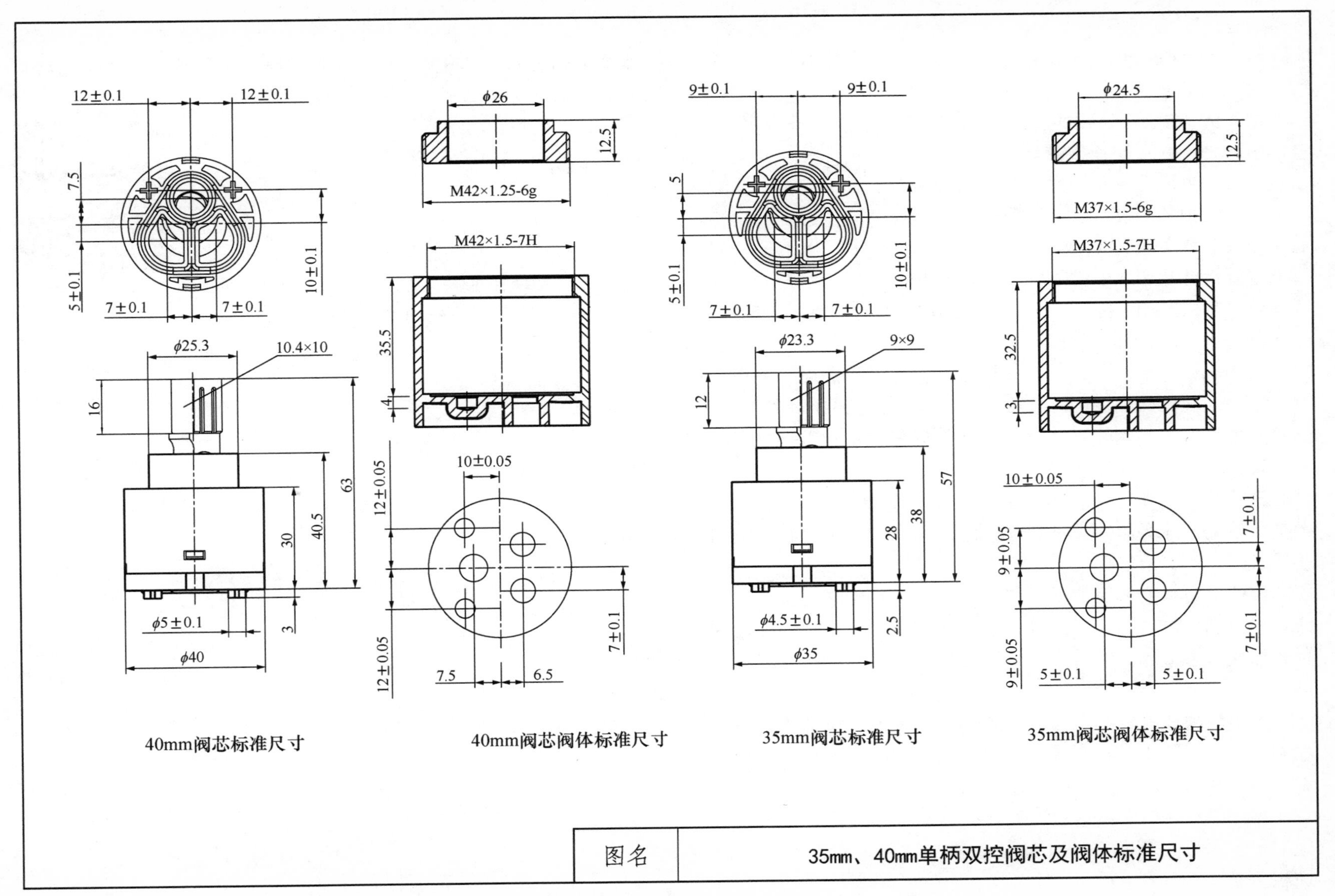

图名	35mm、40mm单柄双控阀芯及阀体标准尺寸

山东万邦建筑部品有限公司企业简介

山东万邦建筑部品有限公司是一家建筑室内给排水服务商。产品涉及管材、管路连接部件、壁式暗装水龙头、热水设备、净水设备等。为您提供室内给水系统深化设计、产品集成、安装施工、全程维护、工程总承包等服务。“精装一体化集成给水技术”管路布设规范实现 BIM 设计，水平方向横埋部件、无接点；竖直方向竖埋部件，实现了管路与水龙头阀体的整体入墙和可靠连接；现场节点柜内、棚上隐藏。选配横埋部件、竖埋部件、分转部件、控出部件等标准化部件组合，可集成您需要的室内给水系统。具有省工期、省空间、省费用，可靠性高、卫生标准高、使用寿命高，综合性价比高等特点，代表了未来室内给水系统的发展趋势。柔性管中管方案、阀体管路整体预埋件方案、及其组合方案等三种方案是您理想的选择。

壁式暗装水龙头：将水龙头阀体与管路进行整体结构设计，改变了管路与水龙头分属两个行业的现状，省去了角阀、软管、生胶带。

整体淋浴板：采用装配式结构，开发了整体淋浴板及支架系统，充分利用排水立管周围的角形空间和暗装水龙头的外紧固功能，形成可以重复拆装的淋浴板隐藏排水立管和给水立管的管井结构。

卫生间同板同层排水：卫生间地面设置地漏及其横排管，面盆和马桶横排管设置在假墙内。实现了不降板同层排水的技术方案，同时解决了防水层上的水盆效应。

装饰深水封地漏：达到工程标准的装饰地漏，反水碗相对于地漏盖的高度可以调整，保证了地漏合理的水封深度和通水截面积。

全隐藏电热水器：电热水器的冷水进口和热水出口设置在热水器的侧端；线控器分体设置在便于操控的位置，实现了电热水器的棚上全隐藏安装。

公司名称：山东万邦建筑部品有限公司
地址：山东省蓬莱市海市路 7-7 号
电话：0535-5725678
传真：0535-5620999
手机：13256998399
网址：水暖工程. 中国www. welpond. cn
邮箱：welpond@163. com